Hermann-Josef Frisch
Tokyo entdecken

Da allgemeine Aussagen über Japan gemacht werden, sind einige Seiten (10-13, 22-29, 242-247) mit den entsprechenden Seiten im Buch »Kyoto entdecken. 30 Tagestouren in und um Kyoto« nahezu identisch.

Die japanischen Schriften (Kanji – Hiragana – Katakana) werden ohne Dehnungsakzente geschrieben. In diesem Buch werden Schreibweisen gewählt, die dem deutschen Sprachgebrauch nahekommen.

Auf den Karten sind nur die Hauptstraßen eingezeichnet. Deshalb dienen die Karten nur der allgemeinen Orientierung. Für die detaillierten Wegstrecken können Apps wie Google Maps oder Karten (Apple) hilfreich sein.

Hermann-Josef Frisch

Tokyo
entdecken

35 Tagestouren in und um Tokyo

Cover vorn:	großes Bild: Kanda Matsuri, großer Mikoshi in Bunkyo (Tour 18)
	kleine Bilder: Nijubashi (Tour 1) – Tosho-gu (Tour 16) – Furukawa Garden (Tour 17) – Fuji mit Chureito Pagode (Tour 34)
Cover hinten:	großes Bild: Cocoon Building (Tour 4)
	kleine Bilder: Tokyo Metropolitan Government (Tour 4) – Tokyo Tower (Tour 11) – Kanda Matsuri (Tour 18) – Buddha im Tenno-ji (Tour 14) – Tor im Konteibo, Yokohama Chinatown (Tour 33)
Seite 3:	Cocoon Tower in Shinjuku (Tour 4) – Aoyama Kumano-jinja (Tour 7) Rikugien (Tour 17) – Fuji von Shimo Yoshida aus (Tour 34)
Bilder Seite 5:	Kaiserpalast, Kikyomon – Blick vom Mori-Tower nach Shinjuku – Kabukicho, Godzilla – Shinjuku Gyoen, Taiwan Pavillon – Meiji jingu, erstes Torii – Shibuya, Takeshita-dori
Bilder Seite 6:	Jizos im Zojo-ji – Haiden im Nezu-jinja – Bär im Tokyo Zoo – Rikugien (Garten) – Kanda Matsuri im Kanda Myojin – Gruppe mit Mikoshi bei der Sanja Matsuri
Bilder Seite 7:	Fudo Myoo im Ryusen-ji – Rote Pagode im Ikegami Honmon-ji – Kannon in Ofuna – Daibutsu im Kotoku-in, Kamakura – Landmark Tower, Yokohama – Fuji von Shimo Yoshida aus

Verkehrsmittel:

🚆 Eisenbahn

🚇 Metro

▲ Buddhistischer Tempel
(-ji, -do, -en, -in, -an, -dera)

⛩ Shinto-Schrein
(-jinja, -jingu, -taisha, -gu, -do)

★ sonstige Sehenswürdigkeit

M Museum

Bibliografische Information der Deutschen Nationalbibliothek:
Die Deutsche Nationalbibliothek verzeichnet diese Publikation in der Deutschen Nationalbibliografie; detaillierte bibliografische Daten sind im Internet über dnb.dnb.de abrufbar.

Satz und Layout: Hermann-Josef Frisch
Herstellung und Verlag: BoD – Books on Demand, Norderstedt
www.bod.de

ISBN 9783757887179

Inhalt

29 Touren in Tokyo   ab 32

6 Touren außerhalb von Tokyo   ab 204

Einführung

»Eine Reise nach Japan ist wie eine Reise zu einem anderen Planeten«, so lautet ein Spruch und er erscheint mehr als zutreffend. Denn in Japan ist jeder, der kein Japanisch gelernt hat, zuerst einmal Analphabet: Nicht nur die chinesischen Schriftzeichen und die beiden Silbenschriften Hiragana und Katakana sind eine Barriere, sondern auch die geringen Sprachkenntnisse der meisten Japaner. Auf den ersten Blick erscheint Japan in vielerlei Hinsicht unzugänglich und fremd: die Blumensteckkunst Ikebana und das Sumo-Ringen adipöser Männer, Steingärten und die Teezeremonie, extrem heiße Onsen-Bäder und roher Fisch, eine völlig andere Wohnkultur und eine Fülle traditioneller Verhaltensregeln, die für den Fremden jede Menge Fettnäpfchen bereithalten.

Doch dann bezaubert das Land: Die schon beeindruckende Natur von tropischen Stränden im Süden bis hin zu alpinen Bergen in der Mitte und im Norden wird ergänzt durch eine großartige Gartenwelt, die einen ob der Vielfalt und der Präzision ihrer Gestaltung staunen lässt: Paradiesgärten, Landschaftsgärten, Wandelgärten, Wassergärten, Steingärten ...

Hinzu kommt die Fülle historischer Bauten in der japanischen Holzständerbauweise mit rot gestrichenen Säulen, welche die weit geschwungenen Dächer tragen; dazwischen nicht tragende Wände aus Holz oder Reispapier. Solche Bauten wurden oft vor Jahrhunderten errichtet und immer wieder in unveränderter Form erneuert, sodass sie die alte Geschichte Japans aufzeigen. Man findet Paläste, buddhistische Tempel, Shinto-Schreine, traditionelle Stadtviertel und Dörfer. Doch ebenso – und das gerade in Tokyo – findet man modernste und architektonisch herausragende Bauten, höchste Wolkenkratzer und eine absolut zuverlässig funktionierende Infrastruktur.

In Japan gibt es so viel zu bestaunen, dass ein Reisender immer wieder unendlich viel Neues entdecken kann. Dieses Buch eröffnet einen Einblick in das Zentrum Japans, die Metropolregion Tokyo mit ihren profanen und religiösen Bauten, mit Gärten und Parks.

Japan –
Land der aufgehenden Sonne

Japan schließt Asien im Osten ab, es hat im Westen deshalb nur die beiden Koreas und Russland, im Süden auch China als Nachbarn. Aus China über Korea kamen vielfältige Einflüsse: Schriftzeichen, Buddhismus, Teezeremonie und Bauweise von Tempeln und Palästen. Doch hat Japan diese Einflüsse weitergeführt zu eigenständigen Formen von Gesellschaft, Lebensweise und Religion, zu einer ganz eigenständigen und differenzierten Kultur.

Mit 378.000 km² ist Japan unwesentlich größer als Deutschland (357.000 km²), aber geografisch komplexer aufgestellt: Vier Hauptinseln (Honshu mit Tokyo und Kyoto, Hokkaido, Kyushu und Shikoku) gibt es, dazu fast 7.000 kleinere Inseln. Diese Inselwelt erstreckt sich über eine Länge von 3.000 Kilometern. Japan ist ein Bergland am Rand einer Bruchzone zwischen der nordamerikanischen, eurasischen, philippinischen und pazifischen Platte; Erdbeben gehören in Japan zum Alltag; auch der höchste und heiligste Berg Japans, der Fuji (3776 m, auch Fujisan), ist ein Vulkan, zuletzt ausgebrochen im Jahr 1707.

Aus diesem Grund ist die Bevölkerungsdichte sehr unterschiedlich: in den Städten hoch (Tokyo mehr als 15000 Einwohner pro km², Berlin 4000, Köln 2700), in den Berggebieten niedrig. Insgesamt leben in Japan etwa 125,7 Millionen Einwohner (Deutschland 82,5 Millionen), wegen Überalterung der Bevölkerung mit leicht abnehmender Tendenz. Der Ursprung des ja-

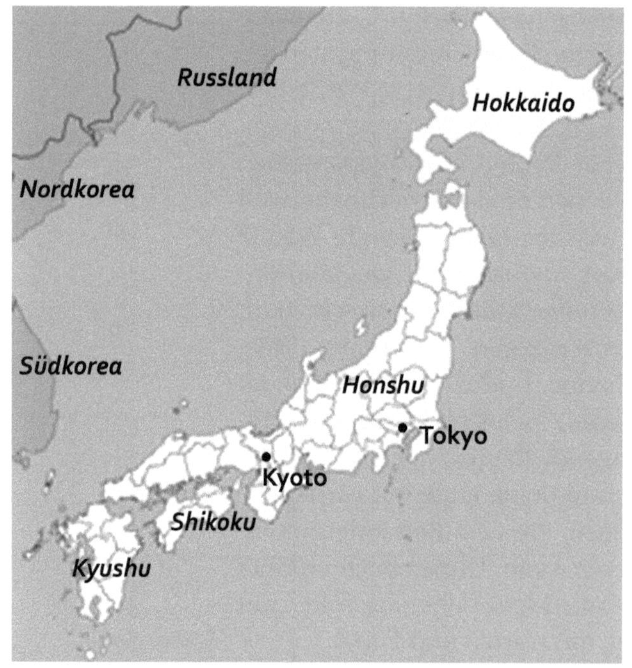

panischen Volkes ist nicht geklärt; der Hauptteil kam wohl vom ostasiatischen Norden (Sibirien, Altai-Gebirge), Teile aber wahrscheinlich auch von der pazifischen Inselwelt im Süden.

Im Japanischen wird der Name des Landes *Nihon* (oder *Nippon*) ausgesprochen. Dies geht zurück auf einen Brief des japanischen Kronprinzen Shotoku (574–622), der im Jahr 594 als Regent den aus China kommenden Buddhismus zur Staatsreligion erklärte. Shotoku schreibt an den Kaiser von China und beginnt mit »Der Kaiser des Ortes, an dem die Sonne aufgeht, an den Kaiser des Ortes, an dem die Sonne untergeht«. Die beiden (chinesischen) Schriftzeichen für den Ort, »an dem die Sonne aufgeht« lauteten *hi* und *moto*, in anderer Aussprache *ni* und *hon (pon)*. Japan ist also das Land der aufgehenden Sonne – aus asiatischer Sicht absolut zutreffend. Europäer (zuerst Marco Polo, der von Cipangu berichtete) formten den Namen *Japan* aus der anderen Aussprache der beiden Schriftzeichen in China und aus den Namen, die dem Land von den südlicheren Malai-Völkern gegeben wurden: *Jipan* oder *Jepun*. Gleich welchen Namen man wählt – Japan bleibt das Land der aufgehenden Sonne.

Stadtviertelgruppe mit Mikoshi (Trageschrein) anlässlich der Kanda Matsuri (vgl. Tour 18)

Japan – die Geschichte

Die Geschichte Japans verliert sich im Rückblick auf den Anfang in Mythen; von der *Jomon-Periode* (10.000–300 v. Chr.) ist kaum etwas bekannt, auch vom legendären ersten Kaiser Jimmu (vermutet 660–585) nicht. In der *Yayoi-Periode* (300 v. Chr. – 300 n. Chr.), der *Kofun-Periode* (300–552) und in der *Asuka-Zeit* (552–710) entwickelt sich eine staatliche Ordnung mit Kaiserhaus und Adel; ebenso entstand der Shinto (vgl. Seite 22f.). Auch kommt am Ende dieser Zeit der Buddhismus ins Land, wohl angeregt durch Prinz Shitoko (574-622).

Die *Nara-Zeit* (710–794) ist ein erster kultureller Höhepunkt. In Heijo-kyo (Nara) entwickelte sich das japanische Kaiserreich zu einer von einem städtischen Zentrum geprägten Gesellschaft, in welcher der Buddhismus eine immer stärkere Position gegenüber der Religion des Shinto erhält – die großen Klöster legen davon Zeugnis ab. Auch die Beziehungen zum Ausland (China) entwickelten sich, allerdings einseitig von Japan aus.

Samurai-Krieger (aus westlicher Sicht), Adolfo Farsari, 1886

Nach einer kurzen Übergangszeit (784–794) in Nagaoka-kyo folgte die *Heian-Periode* mit Kyoto (alter Name Heian-kyo) von 794–1185. In den ersten Zeit hatte der kaiserliche Hof hohe Bedeutung, am Ende der Heian-Zeit schränkte der Adel (vor allem die Familie Fujiwara) die Macht des Kaisers ein. Trotzdem blühte die neue Hauptstadt auf, unzählige Paläste, Tempel und Schreine wurden gebaut, die japanische Kultur erlebte eine erste Blütezeit. Zur chinesischen Schrift kam als »Frauenschrift« die Silbenschrift Hiragana hinzu, große Werke der Literatur (Genji Monogatari und andere) entstanden.

Kyoto bleibt auch danach Hauptstadt, aber die politische Macht wechselt zwischen Kaiser, Shogun (= ursprünglich General, dann Militärregent) und Adel in den Perioden *Kamakura* (1192–1333, vgl. die Touren 30 und 31), *Muromachi* (1333–1573), *Sengoku* (1477–1568), *Azuchi-Momoyama* (1568–1600). Die staatliche Ordnung zerfiel immer mehr, das 16. Jahrhundert wurde als Zeit der streitenden Reiche bezeichnet, weil zahlreiche Daimyos (Fürsten) sich mit ihren Kriegern (Bushi – Samurai) nicht länger dem Kaiser und Shogun unterwarfen.

Die *Azuchi-Momoyama-Zeit* mit dem Zentrum in Momoyama bei Kyoto war geprägt von den drei »Reichseinern« Oda Nobunaga (1534–1582), Toyotomi Hideyoshi (1537–1598) und vor allem dem Shogun Tokugawa Ieyasu (1543–1616). Er verlegte 1603 seinen Regierungssitz nach Edo (heute Tokyo = »Östliche Hauptstadt«). Die *Edo-Zeit* (1603–1868) führte zu einer neuen großen Blütezeit des Landes, angeführt von Hideyoshis Nachfolgern aus der Tokugawa Familie (vgl. auch Tour 35). Der Kaiser in Kyoto spielte nahezu keine Rolle mehr, ebenso wenig der Adel. Zudem schloss sich Japan fast vollständig von der Außenwelt ab. Dies änderte sich erst 1853/1854, als der amerikanische Kommandant Perry die Öffnung Japans gegenüber dem Westen erzwang.

Dies führte dazu, dass 1868 das Shogunat durch die Meiji-Reform beendet wird: Kaiser Mutsohito (1852–1912, 122. Tenno von Japan, Regierungsdevise *Meiji* = »Aufgeklärte Herrschaft«) gewann die Macht zurück und residierte nun in Tokyo. Tokyo wurde zur größten Metropolregion der Welt und zum politischen und wirtschaftlichen Zentrum des Landes. Kyoto dagegen bleibt vor allem wegen seiner Tempel und Schreine das spirituelle und religiöse Zentrum Japans.

Nach dem katastrophalen Ende des Zweiten Weltkriegs kam es schnell zum Wiederaufbau und einer neuen Blüte des Landes.

Prinz Shotoku

Oda Nobunaga

Toyotomi Hideyoshi

Tokugawa Ieyasu

Meiji-Tenno

Tokyo – größte Metropole der Welt

Die Metropolregion Tokyo ist das politische und wirtschaftliche Zentrum des Landes und zugleich die größte Metropole der Welt. Hier residiert der Kaiser, Tenno Naruhito (ab 2019) unter der Regierungsdevise Reiwa (»Schöne Harmonie«); hier sind der Regierungssitz (Premier Fumio Kishida seit 2021) und das Zwei-Kammern-Parlament; hier befinden sich die Zentralen der großen Wirtschaftskonzerne, aber auch der bedeutendsten Bildungseinrichtungen Japans. Tokyo ist die wirtschaftsstärkste Metropolregion der Welt.

Doch ist Tokyo eigentlich keine Stadt (abgeschafft 1943), sondern ein komplexes Gebilde aus unterschiedlichen Strukturen. Zentral sind 23 Bezirke (japanisch »-ku«, zusammen 622 km²) mit eigenen Parlamenten und Bürgermeistern. Hinzu kommen nach Westen bis hinauf in die japanischen Alpen weitere Städte und ländliche Gebiete (Cities, Towns, Villages) – das alles bildet die **Präfektur Tokyo** (Verwaltungssitz ist das TMG, Tokyo Metropolitan Government, vgl. Tour 4). Zur Metropolregion (13.572 km²) gehören aber auch die an-

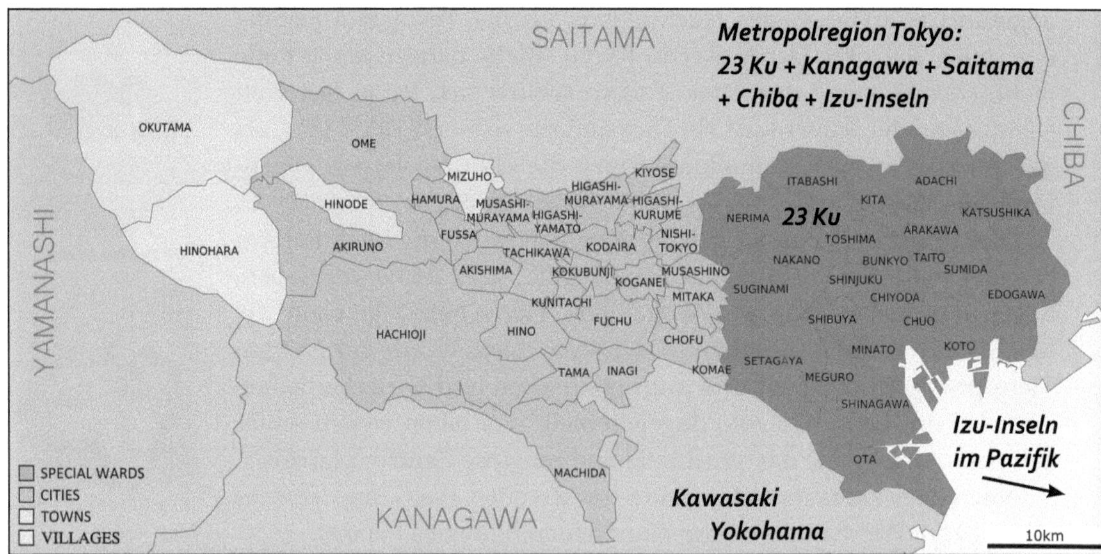

grenzenden Präfekturen Chiba, Saitama und Kanagawa mit den Großstädten Kawasaki und Yokohama.

Die Metropolregion hat (Stand 2019) eine Einwohnerzahl von 38,5 Millionen, in den 23 Ku leben etwa 9,6 Millionen (Einwohnerdichte 15.300 E/km², Berlin 2.700 E/km²). Insgesamt nimmt die japanische Bevölkerung jährlich um ca. 0,5 % ab, doch die Einwohnerzahl Tokyos bleibt konstant, weil es immer noch Wanderungsbewegungen aus dem ländlichen Raum in das Zentrum gibt (zuletzt nach der Katastrophe von Fukushima 2011). Kyoto war und ist das »spirituelle Herz« Japans, seine innere Mitte, Tokyo dagegen der »Kopf und die Arme«.

Tokyo von oben:
• vom Tokyo Tower (Tour 11) nach Toranomon und Shiba
• vom Skytree (Tour 22) nach Südwesten (Sumida-Fluss und Azubudai/Roppongi)
• vom Skytree (Tour 22) nach Shinjuku (links Docomo, Mitte hinten TMG + Cocoon)

Im Umkreis von Tokyo – Kamakura, Kawasaki, Yokohama, Fuji, Nikko

Im Umland der Präfektur Tokyo gibt es eine ganze Reihe von bedeutenden Zielen; in diesem Band kann nur eine Auswahl der wichtigsten dargestellt werden:

Kamakura: Im 12. Jahrhundert war Japan durch die Rivalität unterschiedlicher Adelsfamilien zerrissen, der Kaiser in Kyoto spielte nahezu keine politische Rolle mehr. In diesem Streit tat sich die Familie der Minamoto hervor; Minamoto no Yoritomo erhielt 1192 den Titel des Shoguns, des Militärherrschers. Damit begann das Kamakura Shogunat, das bis 1333 dauerte. Eine Fülle von Tempeln (meist Zen) und Schreinen wurde in dieser Zeit in Kamakura errichtet und sind bis heute gut erhalten und die bedeutenden Sehenswürdigkeiten der Stadt an der Bucht von Sagami (vgl. Tour 30 und 31), zudem von Tokyo aus schnell zu erreichen. Kamakura hat ca. 170.000 Einwohner.

Kawasaki: Unmittelbar südlich der Präfektur Tokyo an der Tokyo-Bucht gelegen ist die 1,5 Millionen Einwohner zählende Stadt ein Zentrum der Schwerindustrie, im Westen auch der Landwirtschaft. Die Zahl der Sehenswürdigkeiten ist zwar begrenzt, doch gibt es einige durchaus interessante Orte in verschiedenen Teilen der Stadt (vgl. Tour 32).

Kamakura-Hase, Blick vom Hase-dera auf die Bucht Sagami (Tour 31)

Kawasaki, Nihon Minka-en, Kudo-Haus

Yokohama: Yokohama gehört zur Metropolregion von Tokyo. Doch ist die Industriestadt mit ca. 3,8 Millionen Einwohnern (8.600 Einwohner/km²) zugleich die zweitgrößte Stadt Japans und durch ihren Hafen und ihre Industrie von höchster Bedeutung für das Land. Bis 1853 ein Fischerdorf, gewann Yokohama durch die Öffnung Japans an Bedeutung. Dem Besucher bietet sie eine Fülle von Sehenswürdigkeiten (Tour 33).

Fuji: Der Vulkan Fuji ist mit 3.776 m der höchste Berg Japans, zugleich aber auch der heilige Berg nicht nur für den Shinto, sondern für Japaner aller Glaubensrichtungen. Der einzeln stehende, symmetrische Vulkankegel kann aus vier Richtungen vergleichsweise einfach bestiegen werden. Der Fuji wird in der japanischen Kunst häufig dargestellt (vgl. Hokusai, Tour 23).

Nikko: Etwa 140 Kilometer nördlich von Tokyo wurde der Ort im 17. Jahrhundert bedeutsam, als hier die Mausoleen des ersten und des dritten Edo-Shoguns (Tokugawa Ieyasu und Tokugawa Iemitsu) im üppigen Barockstil erbaut wurden. Doch der Ort ist älter, der Tempel Rinno-ji geht auf die Nara-Zeit (8. Jahrhundert) zurück (vgl. Tour 35).

Andere mögliche Ausflüge, die in diesem Buch nicht geschildert werden, können in die Tama-Bergregion im Westen der Präfektur gehen oder nach Nordwesten in die traditionelle Stadt Kawagoe.

- Yokohama, Hafen
- Fuji von Kawaguchiko aus
- Nikko, Samurai-Prozession zum Tosho-gu

Tokyo – die Stadt und die Touren

Die riesige Metropole Tokyo ist sehr unterschiedlich in ihrer Erscheinungsweise: Es gibt Hochhausviertel mit beeindruckender Architektur und einer hohen Verdichtung von Arbeitsplätzen – in den Stadtvierteln Marunouchi (östlicher Teil des Chiyoda Ku) und Chuo wohnen nur ca. 45.000 Menschen, jeden Tag aber pendeln 900.000 mit Metro und Nahverkehrslinien zu ihren Arbeitsstellen ein. Auf der anderen Seite gibt es (etwa in den Ku Kita oder Setagaya) Stadtviertel mit nur ein- oder zweigeschossiger Bauweise, zwar nicht mehr aus Holz wie in der traditionellen japanischen Architektur, doch aufgelockert und – wo möglich – mit einem winzigen Garten an den Häuern. Geschäftsstraßen mit Luxusgeschäften (etwa Ginza oder Omotesando-dori) wechseln sich ab mit kleinen Straßen und ebenso kleinen Geschäften (etwa Yanaka-dori oder Takeshita-dori); hinzu kommen aber auch die riesigen und vielgeschossigen Kaufhäuser (etwa rund um Shinjuku Station oder in Akihabara und Ikebukuro). Überall in der Stadt finden sich öffentlich zugängliche und teilweise sehr große (etwa Shinjuku Gyoen) Gärten und Parks, die mit ihrer gepflegten Gestaltung nicht nur der Erholung dienen, sondern auch Fluchtorte bei Katastrophen sind (Erdbeben, Tsunami ...). In der Bucht von Tokyo gibt es viel aufgeschüttetes Land (etwa Tsukudijima, Odaiba), doch auch diese Inseln sind durch Metro und andere Zugsysteme leicht zugänglich.

Wenn man nach einem Zentrum der Metropole fragt, dann ist natürlich der Ku Chiyoda vorrangig zu nennen, denn hier sind nicht nur der Kaiserpalast, das Parlament und der Regierungssitz (Tour 1), sondern auch Tokyo Station und das Büroviertel Marunouchi. Auch die Reste der ehemaligen Burg Edo (Östliche Palastgärten), also bis 1868 der Sitz des Shogun sind in Chiyoda (Tour 2), dazu auch der Yasakuni-jinja und der Nationalfriedhof als nationale Stätten.

Doch muss man als Zentren Tokyos zudem auch andere Bezirke nennen. Shinjuku zum Beispiel hat nicht nur den größten Bahnhof der Welt mit täglich vier Millionen Fahrgästen, sondern im Westen auch ein Hochhausviertel, darunter das TMG Building mit der Verwaltung der Präfektur, doch auch das Unterhaltungsviertel Kabuki-

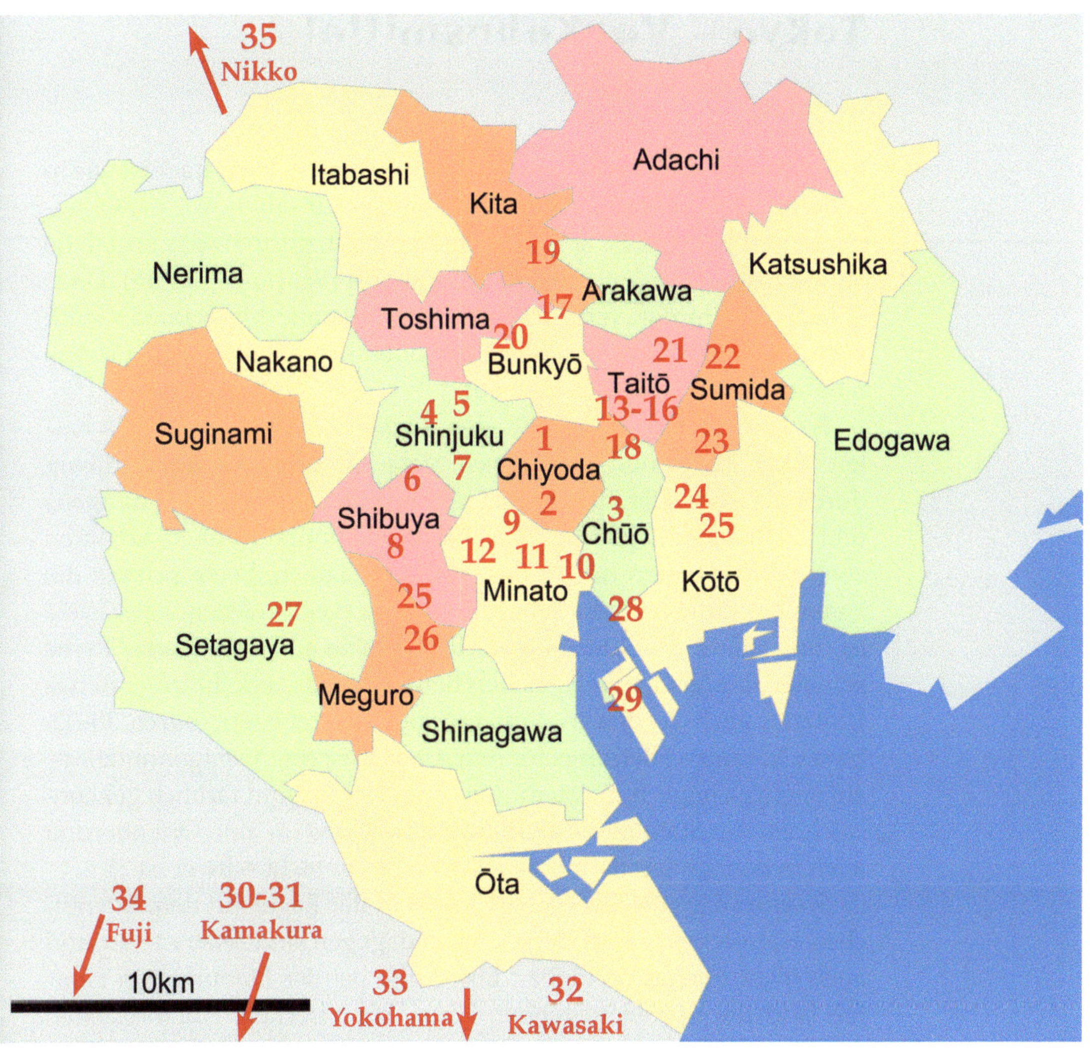

Die Karte gibt die 23 Ku der Präfektur Tokyo wieder (vgl. Seite 14). Die Touren sind ungefähr in diesen Ku anzuordnen, vgl. auch die Detailkarten zu Beginn jeder Tour.

cho und den weitläufigen (60 Hektar) Park Shinjuku Gyoen. Auch Shiodome, Azubudai, Shibuya, Ueno und andere Bezirke oder Stadtviertel sind von hoher Bedeutung für die gesamte Stadt.

Unsere 29 Touren innerhalb von Tokyo versuchen, ein vielseitiges und abwechslungsreiches Bild der Metropole wiederzugeben. Doch zeigen die Touren keineswegs umfassend die Stadt, sodass bei Eigeninitiative noch viele andere sehenswerte Orte zu entdecken sind.

Tokyo – Verkehrsmittel

In Tokyo fällt sofort auf, dass der Autoverkehr nicht so stark ist wie in anderen Metropolen, Verkehrsstaus gibt es nur selten. Vor der Olympiade 1964 hat man zwar Autobahnen gebaut, die teilweise brutal die Stadt durchschneiden (vgl. die Nihonbashi [Brücke], Tour 18). Doch danach wurde der Verkehr durch verschiedene Maßnahmen stark zurückgedrängt und vor allem der öffentliche Nahverkehr (Metro, S-Bahn, Busse) bestens ausgebaut.

So kommt man heute mit den 13 Metrolinien der Gesellschaften Tokyo Metro und Toei schnell, sicher und vor allem zuverlässig durch die Stadt. Die Zugfolge ist sehr eng, in den Stoßzeiten morgens und spätnachmittags alle zwei bis drei Minuten. Hinzu kommen zwei S-Bahn Linien der JR East (früher staatlich, heute privat): die Yamanote Ringbahn, die sehr hilfreich für das Erreichen vieler Ziele ist, und die Chuo-Linie. Sowohl JR East wie auch eine ganze Reihe privater Eisenbahngesellschaften betreiben Nahverkehrszüge in das Umland, auch zu den in diesem Band angegebenen Touren 30–35. Hinzu kommt – allerdings für den Ausländer eher weniger nutzbar – ein engmaschiges Bussystem. Alle Zugsysteme sind farblich gekennzeichnet, die Stationen durchnummeriert, sodass eine Orientierung auch in den großen Bahnhöfen wie Shinjuku nicht schwer ist.

So wird man die Strecken in Tokyo in der Regel mit dem öffentlichen Nahverkehr zurücklegen. Taxis dagegen sind relativ teuer und auch nicht überall verfügbar. Eine Hilfe bei der Planung von Fahrten sind die beiden folgenden Apps, die Strecken, Abfahrtszeiten der Züge und Fahrzeiten detailliert angeben und nach Laden offline nutzbar sind:

City Rail Map (dann Tokyo auswählen, für Metro und JR-Züge)

JapanTransit (für Nah- und Fernverkehr der Eisenbahnen)

Man kann alle Bahnsteige nur mit gültigem Ticket betreten (Durchlassschranken). Da die Ticketautomaten durch die Fülle der Linien und Zielpunkte kompliziert sind, ist der Kauf einer Prepaidkarte zu empfehlen, die man beim Ein- und Aussteigen einfach an die Schranke hält. Die beiden Karten PASMO und SUICA sind für alle Zugsysteme (außer Shinkansen) nutzbar und überall wiederaufladbar.

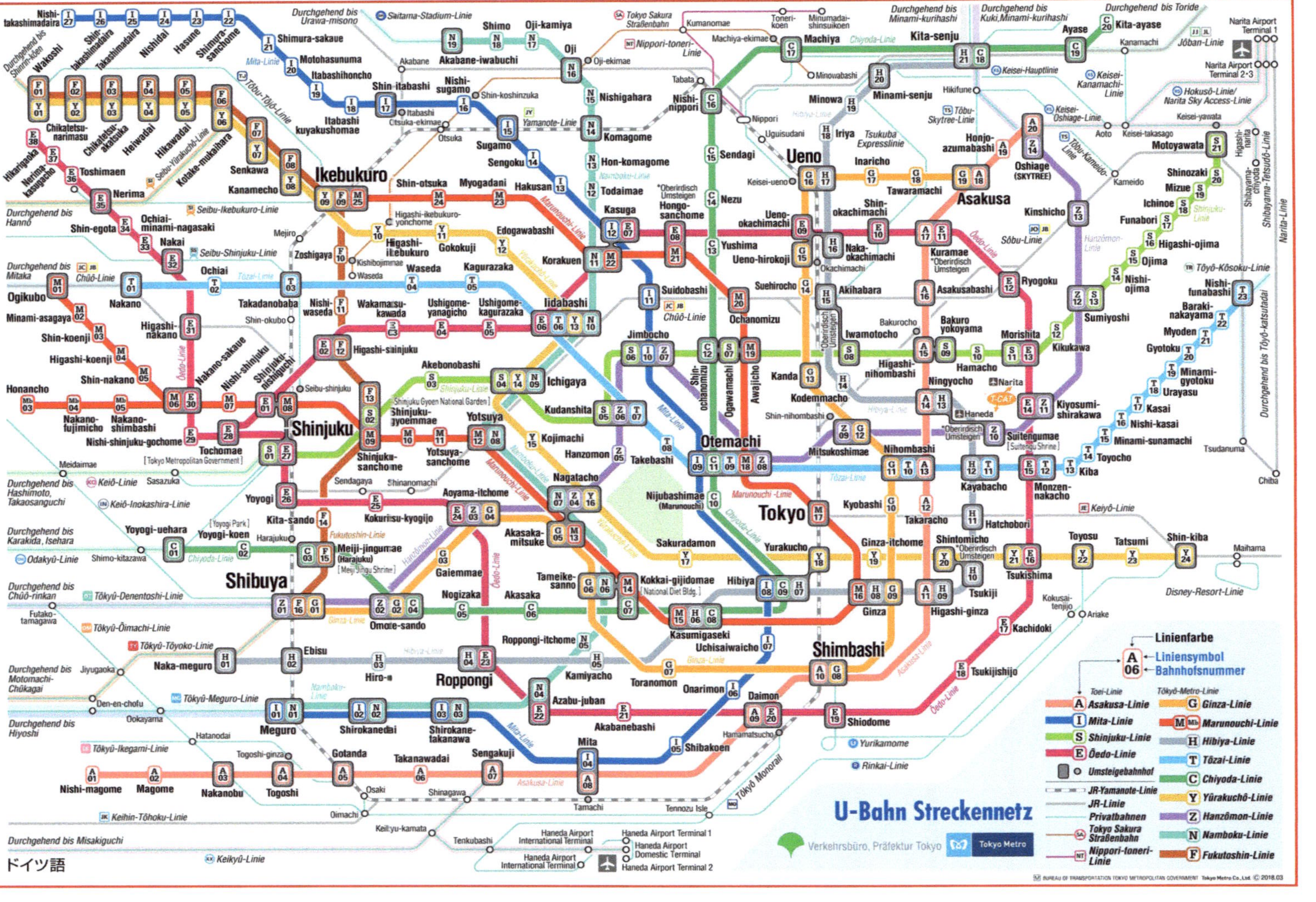
U-Bahn Streckennetz
Verkehrsbüro, Präfektur Tokyo
Tokyo Metro
Linienfarbe
Liniensymbol
Bahnhofsnummer
Toei-Linie
A Asakusa-Linie
I Mita-Linie
S Shinjuku-Linie
E Ōedo-Linie
Umsteigebahnhof
JR-Yamanote-Linie
JR-Linie
Privatbahnen
Tokyo Sakura Straßenbahn
Nippori-toneri-Linie
Tōkyō-Metro-Linie
G Ginza-Linie
M Marunouchi-Linie
H Hibiya-Linie
T Tōzai-Linie
C Chiyoda-Linie
Y Yūrakuchō-Linie
Z Hanzōmon-Linie
N Namboku-Linie
F Fukutoshin-Linie
ドイツ語
BUREAU OF TRANSPORTATION TOKYO METROPOLITAN GOVERNMENT Tokyo Metro Co., Ltd. © 2018.03

Shinto – ein Überblick

Der Ausgangspunkt des Shinto, des »Wegs der Götter«, ist ein naturreligiöses, animistisches und schamanistisches Verständnis der Welt: Die ganze Welt ist beseelt von Geistern und Gottheiten, von *Kami*; das Göttliche findet sich in allen Dingen, besonders in herausragenden Stellen der Natur. Es gibt deshalb auch eine unübersehbare Fülle von Gottheiten – die Tradition spricht von acht Millionen. Berge sind als Verbindung von Himmel und Erde wichtig (am bedeutendsten der Fujisan mit 3.776 m Höhe, der als Sitz der *Konohanasakuyahime* verehrt wird, der »Göttin der aufblühenden Baumblüten«, vgl. Tour 34). Ebenso gibt es heilige Bäume und Quellen, besonders geformte Felsen und Seen – überall in der Natur wird die Nähe der Götter und der Geister erfahrbar. Diese Vorstellung einer beseelten Natur geht auf prähistorische Zeiten Japans zurück. Unzählige Mythen erzählen von unzähligen Kami, denn alles kann göttlich werden.

Der Begriff Kami ist nicht eindeutig fassbar. Zum einen können damit personale Gottheiten gemeint sein, zum anderen aber auch unpersönliche Kräfte in der Natur, alles, was herausragend ist, was Ehrfurcht verlangt und als Kraft gespürt wird. Als personale Gottheiten sind in erster Linie das erste Götterpaar, *Izanagi* und *Izanami*, zu nennen, das die japanischen Inseln geschaffen hat und das auch weitere Gottheiten entstehen ließ. Darunter ragt die Sonnengöttin *Amaterasu* heraus, die als die Ahnin des japanischen Kaisers und damit aller Japaner angesehen wird. Doch in der Volksreligiosität sind heute zwei Gottheiten bedeutender als diese Ursprungsgötter: die Reisgottheit *Inari*, die für eine gute Ernte, für Wohlstand und Glück angerufen wird, und der sowohl im Shinto wie im japanischen Buddhismus verehrte Gott *Hachiman*. Er war ursprünglich der Gott der Kriegerklasse, wird aber heute in allen Notlagen angerufen.

Denn trotz aller modernen Kultur und Technisierung ist das japanische Volk geprägt von einer tiefen Religiosität. So gibt es die große Zahl von Shinto-Schreine im Land, in denen die Shinto-Priester (*Kannushi*) und die sie unterstützenden jungen Frauen, die *Miko*, religiöse Riten abhalten: zu Lebenswenden wie etwa einer Hochzeit, aber auch in den alltäglichen Anliegen der Menschen.

• Shinto-Priester in Asakusa-jinja
• Miko im Kazuga-taisha, Nara
• Ritualplatz zur Verehrung der Kami bei Sanja Matsuri, Asakusa-jinja

Im Vergleich des Shinto mit anderen Religionen fallen eine Reihe von Eigenheiten auf: Es gibt keinen Gründer (wie Buddha, Jesus, Mohammed), keine heilige Schrift (wie Bhagavadgita, Bibel, Koran), keine genau festgelegte Gemeinschaft (wie die buddhistische Sangha, die christliche Kirche, die muslimische Umma). Die Bindung an einen bestimmten Schrein erfolgt ausschließlich aus privater Initiative, meist aber besuchen die Bewohner eines Stadtviertels den in der Nähe gelegenen Schrein und nur aus besonderen Gründen einen anderen (wie etwa die Geschäftsleute einen Inari-Schrein).

Auffallend ist neben der Verbindung zum Kaiserhaus und dem sich daraus ergebenden nationalistischen Bezug des Shinto auch die Ahnenverehrung: Helden, vor allem die Soldaten, die für das Volk gekämpft haben, werden nicht nur verehrt, sondern vergöttlicht. So kommt es etwa zur überaus fragwürdigen Praxis, dass im Yasakuni-Schrein in Tokyo auch die Kriegsverbrecher des Zweiten Weltkriegs als Kami verehrt werden (vgl. Tour 1).

Die Shinto-Schreine (Schrein = *jinja*) sind oft groß, aber architektonisch und von ihrer Ausgestaltung her meist in schlichten Formen gehalten. Das Innere der Haupthallen ist leer bis auf Ritualgeräte wie Trommeln und Gefäße für heiliges Wasser. Es gibt im Gegensatz zum Buddhismus kein Götterbild und keine Götterstatue im Heiligtum; der Altartisch ist bis auf die darauf gestellten Opfergaben und die Ritualgeräte leer – die Kami sind für den Menschen nicht sichtbar, aber er kann im Heiligtum ihre verborgene Kraft spüren. Pilger ziehen deshalb auf langen Pilgerwegen von einem Schrein zum anderen und binden sich dadurch an die Götter. Wohl aber besitzen manche Schreine sakrale Gegenstände oft hohen Alters (etwa einen Spiegel, ein Schwert), die symbolisch für den jeweils verehrten Gott stehen, aber Besuchern und selbst Priestern verborgen bleiben.

Shinto-Schreine sind im Eingangsbereich durch zwei Elemente gekennzeichnet: durch das *Torii*, ein kultisches Tor, das den Übergang in den heiligen Bereich kennzeichnet. Zum anderen gibt es die *Shimenawa*, »Götterseile«, aus Stroh oder Hanf geflochtene, oft riesige Seile, die an Toren oder an heiligen Bäumen angebracht sind und die mit *Shide* (weiße Papierstreifen) den sakralen, heiligen Bereich markieren. Zu den festen Schreinen kommen noch die *Mikoshi*, die teilweise sehr großen Trageschreine, die bei festlichen Umzügen am *Matsuri*, dem Tempelfest, durch die Straßen des Viertels getragen werden.

- Torii im Ushiyama-jinja, Sumida
- Shimenawa (hl. Seil) und Shide (Papierstreifen) im Nogi-jinja, Akasaka
- Mikoshi im Asakusa-jinja
- Mikoshi bei Kanda Matsuri

Japanischer Buddhismus – ein Überblick

Der japanische Buddhismus erscheint unübersichtlich: Und doch ist die Vielzahl der japanischen buddhistischen Schulen (*shu*) eine einzige Religion, die auf verschiedenen Wegen versucht, der Lehre des Buddha zu folgen. Alle buddhistischen Richtungen Japans haben ihren Ursprung in China und sind von da aus meist über Korea nach Japan gelangt. Der Ursprung des japanischen Buddhismus wird an Prinz Shotoku (574–622) festgemacht, der im Jahr 594 den Buddhismus zur Staatsreligion Japans erklärte. Doch bereits zuvor waren Mönche aus China und Korea nach Japan gekommen. Vereinfacht lassen sich die Richtungen des Buddhismus in Japan wie folgt benennen:

Frühzeit: Bereits 467 sollen Mönche aus dem nordindischen Gandhara nach Japan gekommen sein. Gesichert ist der Beginn des Buddhismus erst ab 552, als koreanische Mönche in Nara wirkten.

Die sechs Schulen in Nara: Danach entstanden die sechs alten Schulen in Nara, die von 710–794 Kaiserstadt war. Dies sind:

- *Risshu*, »Schule der Verhaltensregeln«, ab 753, eine Schule, welche die aus dem Theravada stammenden Ordensregeln betonte;
- *Jojitsu-shu*, »Schule der Verwirklichung der Wahrheit«, ab 600, ebenfalls auf der Grundlage des frühen indischen Buddhismus;
- *Kusha-shu*, ab 660, mit philosophischer Systematik;
- *Sanron-shu*, »Schule der drei Schriften«, ab 625, philosophische Schule einer Negation aller Begriffe;
- *Hossu-shu*, »Schule der Dharma-Eigenschaften«, ab 660, Lehre, dass alles nur Bewusstsein ist;
- *Kegon-shu*, »Schule der Buddha verherrlichenden Blumenpracht«, ab 736, die Buddhanatur kommt allen Lebewesen zu.

Esoterischer Buddhismus: Mit Gründung der Stadt Kyoto 794 gelangten Formen des tibetischen Vajrayana-Buddhismus nach Japan. Solche esoterisch-tantrische Richtungen betonen die Rolle des Lehrers, der seinen Schülern durch geheime Rituale und Meditationsformen wie Mantra, Mandala oder Visualisierungen von Buddhas Wege zur Erleuchtung eröffnen kann. Zwei Schulen sind zu nennen:

- *Tendai-shu* (chinesisch Tiantai), »Schule des Lotos-Sutra«, 805 vom Mönch Saicho gegründet, der Buddha verkörpert die universelle Wahrheit, das Dharma, die kosmische Ordnung;
- *Shingon-shu*, »Schule des wahren Wortes [= Mantra]«, 805 vom Mönch Kukai gegründet, vor allem Verehrung des Vairocana, dessen kosmisches Licht alles überstrahlt. Shingon findet sich heute in vielen Klöstern.

Amidistischer Buddhismus: Der esoterische Buddhismus war eine Religion der Mönche. Deshalb kommt zu Beginn des 13. Jahrhunderts mit den amidistischen Schulen eine neue Richtung auf, die besser für das einfache Volk geeignet ist. Diese Schulen rufen den Buddha Amida (sanskrit: Amitabha) an (»Namu Amida Butsu«); die Anrufung dieses transzendenten Buddha des Westens genügt zur Rettung aus dem Leidenskreislauf und zum Eingang in das Reine Land (Sukhavati = Paradies) dieses Buddha:

- *Jodo-shu*, »Schule des Reinen Landes«, ab 1175, gegründet durch Honen Shonin;
- *Jodo-Shin-shu*, »Wahre Schule des Reinen Landes«, ab Anfang 13. Jahrhundert, gegründet durch Shinran.

Heute orientieren sich die meisten japanischen Buddhisten an diesen amidistischen Schulen.

Zen Buddhismus: Völlig anders ist der Zen-Buddhismus, bei dem unter Anleitung eines Zen-Meisters durch gegenstandslose Meditation plötzliche Erleuchtung (*satori*) angestrebt wird. Der Zen-Buddhismus Japans greift zurück auf den durch den indischen Mönch Bodhidharma (japanisch Daruma, 440–528) in China entwickelten Chan (danach in Korea Seon). Der Zen wurde zur Religion des Adels, der Krieger (Samurai) und der Gebildeten:

- *Rinzai-shu*, ab 1192, gegründet durch Zenmeister (Zenji) Eisai;
- *Soto-shu*, Schule der reinen Sitzmeditation, größte Zen-Richtung, ab 1243, gegründet durch den Zenmeister Dogen;
- *Obaku-Zen*, gegründet 1654 durch den chinesischen Mönch Yin yuan, Zentrale in Uji bei Kyoto.

Nichiren Buddhismus: Der Mönch Nichiren verkündete ab 1253 seine Lehre, die wesentlich auf dem Lotos-Sutra beruht. Ab dem 19. Jahrhundert entstanden aus diesem Ansatz heraus neue Schulen, die »Nichiren-Schule«, aber auch ab 1937 die »Soka Gakkei«, eine sektenähnliche Laienbewegung.

- Honen Shonin, 1133–1212
- Myoan Eisai (Eisai Zenji), 1141–1215
- Dogen (Dogen Zenji), 1200–1253
- Nichiren (1222–1282)

Buddhas, Bodhisattvas, Myoos, Götter

Der japanische Buddhismus kennt eine Fülle religiöser Gestalten:

Buddhas (Nyorai)

Natürlich ist der Buddha unseres Zeitalters, Siddhartha Gautama aus dem Geschlecht der Shakyas (Shakyamuni), von Bedeutung; er wird in Japan meist *Shaka Nyorai* genannt (japanisch *nyorai* = sanskrit *tathagata* = der so Gekommene, der Vollendete). Hin und wieder findet man Statuen des Shaka, die man leicht an der Bhumisparsa-Mudra erkennen kann, der Handhaltung, bei der die rechte Hand zur Erde zeigt, die linke in Meditationshaltung ist.

Wichtiger sind in der Volksfrömmigkeit die fünf Dhyani-Buddhas des Mahayana-Buddhismus, die transzendenten Buddhas der fünf Himmelsrichtungen: *Dainichi* (sanskrit Vairocana) für die Mitte, *Fukujoju* (Amoghasiddhi) für den Norden, *Ashuku* (Akshobhya) für den Osten, *Hoshen* (Ratnasambhava) für den Süden und *Amida* (Amitabha) für den Westen. Besonders wichtig sind unter diesen der Dainichi, auch Urbuddha, Buddhaprinzip, und der Amida, der etwa als Daibutsu (Großer Buddha) im Kotoku-in in Kamakura (vgl. Tour 31) angerufen wird.

Bodhisattvas (Bosatsu)

Ein *Bodhisattva* (sanskrit »dessen Wesen Erleuchtung [Bodhi] ist«, japanisch *Bosatsu*) hat in zahlreichen Wiedergeburten die Erleuchtung und damit die Möglichkeit eines Eingangs ins Nirvana erreicht. Doch er verzichtet darauf, um anderen Lebewesen auf ihrem Weg zur Erleuchtung zu helfen. Bodhisattvas sind somit Wesen des Mitgefühls und der grenzenlosen Barmherzigkeit. Für die Gläubigen sind sie zum einen ein Ideal, dem man nachstrebt (Bodhisattva-Weg), zum anderen zeigen die Gläubigen unbedingtes Vertrauen in die Hilfe der Bodhisattvas. Bodhisattvas sind somit »Erlösungshelfer«. In Japan werden vor allem folgende Bosatsu verehrt:

* *Kannon* (sanskrit Avalokiteshvara, chinesisch Guanyin), der Bodhisattva des Mitgefühls in seinen vielen Formen, auch *Kanzeon Bosatsu* genannt;

- *Jizo* (sanskrit Ksitigarbha), der Schutzgott der (ungeborenen) Kinder und der Begleiter der Seelen in der Unterwelt (vgl. Seite 111);
- *Yakushi* (sanskrit Bhaisajyaguru), der Medizin-Bodhisattva, der im Krankheitsfall angerufen wird;
- *Miroku* (sanskrit Maitreya), der Bodhisattva der universalen Liebe und der Buddha der Zukunft;
- *Monju* (sanskrit Manjushri), der Bodhisattva der Weisheit, der die Unwissenheit überwindet;
- *Fugen* (Samantabhadra), der »Allumfassend Gute«, der »Segensreiche«;
- *Kokuzo* (Akashagarbha), der Bodhisattva der Unendlichkeit.

Kannon mit Lotos,
Ryosen-ji, Meguro
(Tour 26)

Myoos (Lichtkönige)

Bereits in China wurden ältere Gottheiten in den Buddhismus integriert und als Weisheits- oder Lichtkönige bezeichnet; sie gelten als Schützer der buddhistischen Lehre und werden deshalb meist vor Tempeln in zornvoller Pose dargestellt, oft mit Waffen (Schwert, Beil, Vajra [Donnerkeil]). In Japan werden im esoterischen Buddhismus fünf solcher *Myoos* genannt, der wichtigste ist *Fudo Myoo* (sanskrit Acala), der Mantrakönig und Schützer der Lehre, zähnefletschend und oft mit sechs Armen (vgl. Fudo-do, Tour 24).

Fudo Myoo,
Ryosen-ji, Meguro
(Tour 26)

Shitenno (vier Himmelskönige)

Oft befinden sich im Eingangstor großer Tempel Statuen der vier Himmelskönige (*Shitenno*, sanskrit Lokapalas), die den sakralen Bereich schützen. Dies sind:

- *Bishamonten* (sanskrit Vaishravana), der »Wissende«, gelbe Farbe mit Juwel und Schlange für den Norden (ein Fukujin, vgl. Seite 28);
- *Jikokuten* (Dhritarashtra), »Bewahrer des Staates«, weiße Farbe mit Laute für den Osten;
- *Zojoten* (Virudhaka), der »das Königreich vergrößert«, gelbe Farbe mit Schwert für den Süden;
- *Komukuten* (Virupaksha), der »alles beobachtet«, rote Farbe, Sutrarolle oder Sutragefäß oder Stupa für den Westen.

Shichi Fukujin – die Glücksgötter

Shichi Fukujin (Sieben Glücksgötter)
Es gibt vor allem regional eine Fülle weiterer verehrter Gottheiten, die in Japan aus dem Shinto (vgl. Seite 22f.) stammen. Hier werden die sieben Glücksgötter aufgeführt, ihre Statuen stehen hin und wieder vor den Tempelhallen (vgl. Tour 24 Fukugawa):

- *Ebisu*, der Gott der Fischer und des Handels mit Angel, Fischnetz oder Harpune;
- *Daikokuten*, der Gott der Ernte und des Wohlstands, steht auf zwei Strohsäcken, dick mit Hammer in der rechten Hand und Sack mit Schätzen;
- *Bishamonten* (vgl. Himmelskönige, Seite 26), der Gott des Krieges, Schützer der Tempel, in Rüstung mit Hellebarde und Pagode;
- *Benzaiten*, weibliche Flussgottheit, Göttin der Kunst, Musik, Dichtung, sie hält eine Laute und ist Schützerin der Geishas;
- *Jurojin*, Gott der Weisheit, Wissenschaft, des langen Lebens, Greis mit Bart, Kürbisflasche, Schriftrolle;
- *Fukurokuju*, Gott des Reichtums und Glücks, mit Kranich und Schildkröte;
- *Hotei* (auch Budai), dicker Mönch mit Geschenksack auf dem Rücken, mit Kindern – »buddhistischer Nikolaus«.

Ebisu – Fisch oder Angel

Die sieben Glücksgötter im Gyogan-ji, Kyoto

Daikokuten – Hammer

Bishamonten – Hellebarde

Benzaiten –Laute

Jorujin – Hirsch

Fukurokuju – glatter Schädel

Hotei – dicker Bauch und Sack

Matsuri – Shinto-Feste in Tokyo

Matsuri sind ausgelassene Volksfeste in Japan, bei denen die sonst so disziplinierten und auf die Einhaltung von Ritualen und Regeln bedachten Japaner in Ekstase fallen können – Matsuri sind gleichsam ein Ventil, durch das Druck aus dem sonst so geregelten Alltagsleben gelassen wird. Matsuri können sehr unterschiedlichen Hintergrund haben:

- Naturereignisse: etwa *Hana-Matsuri*, das japanweite Fest zur Kirschblüte *(hanami)*, das sich von Süd nach Nord über den Monat April erstreckt.
- Geschichtliche Ereignisse: etwa *Aoi-Matsuri* in Kyoto, wo der Weg einer Kaiserlichen Prinzessin in einen Shinto-Schrein durch eine Prozession dargestellt wird.
- Religiöse Bezüge: etwa im Mai *Kanda Matsuri* (alle zwei Jahre, vgl. Tour 18) oder *Sanja Matsuri* (jährlich, vgl. Tour 21) mit den großen Prozessionen der Mikoshi, der shintoistischen Trageschreine durch die Stadtviertel.

• Sanja Matsuri, Kinderschrein
• Kanda Matsuri,
  Ankunft eines Mikoshi vor dem Honden
• Sanja Matsuri, »Bruderschaft« eines
  Viertelschreins – große Freude

Kanda Matsuri – einer der drei großen Mikoshi auf dem Weg durch die Innenstadt vonTokyo
Sanja Matsuri – die Mikoshi erreichen den Senso-ji

Rund um den Kaiserpalast – West

(Tour 1)

Ziele: 1 Tokyo Station – 2 Kokyogaien mit Nijubashi (Brillenbrücke) – 3 Hibiya Park – 4 Parlament – 5 Nationalfriedhof Chidorigafuchi – 6 Yasakuni-jinja

1 Tokyo Station

Der Weg beginnt im Zentralbahnhof. Tokyo-eki, 1908–1914 gebaut, ist einer der wichtigsten Bahnhöfe Japans und wird mit seinen 23 Gleisen (weitere im Untergrund) als Hauptbahnhof Tokyos verstanden, obwohl Shinjuku Station, Shibuya Station und andere mehr Fahrgäste pro Tag aufnehmen. Tokyo Station ist der Zentralbahnhof des Schnellzugsystems Shinkansen, ferner fahren neben der JR (Japan Railway) mit ihrer S-Bahn Yamanote und anderen Zügen ver-

Beginn:
• Tokyo Station (JY01 Yamanote, M17 Marunouchi)
Ende:
• Kudanshita (S05 Shinjuku, Z06 Hanzomon, T07 Tozai)

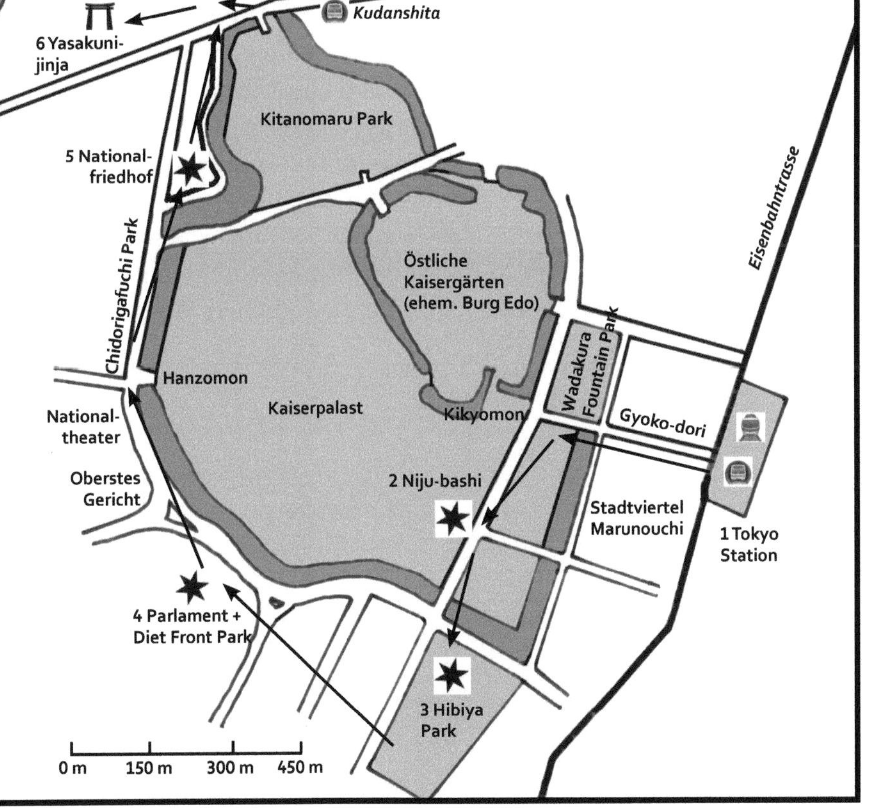

Seite 32:
• Kikyomon – ein Eingangstor zum Kaiserpalast
• Nijubashi (Brillenbrücke) vor Eingang zum Kaiserpalast

schiedene weitere private Linien und mehrere Metrolinien und Buslinien den Bahnhof an. Im Osten gehören zum Bahnhof zwei Bürohochhäuser (GranTokyo) und das riesige Kaufhaus Yaesu; in den Untergeschossen gibt es eine Fülle weiterer Geschäfte und Restaurants. Etwa 850.000 Fahrgäste zählt dieser Bahnhof pro Tag.

Gyoko-dori ist die 200 m lange und 70 m breite Verbindungsstraße zwischen den Kaisergärten und Tokyo Station, gesäumt von Bürohochhäusern.

Vor dem großen Palace Hotel erreicht man den 1995 rekonstruierten **Wadakura Fountain Park**. Die bis 8,5 m hohen Fontänen erinnern ab 1961 an die Hochzeit des jeweiligen Kronprinzen und stehen im Zusammenhang mit den kaiserlichen Ritualen im Zentrum Tokyos und des Ku (Stadtviertel) Chiyoda.

Das Viertel **Marunouchi** liegt zwischen Tokyo Station und dem Kaiserpalast. Ab 1890 entwickelte hier der Mitsubishi-Konzern das vorher für Kasernen genutzte Gelände zu einem Büroviertel.

Vom **Kaiserlichen Palast in Tokyo** sieht man von außen nur einige Torgebäude und die Nijubashi; die eigentlichen Palastgebäu-

de sind durch Erdwälle und dichten Bewuchs von nirgendwo einsehbar. Nur an zwei Tag im Jahr ist die 1888 gebaute Kaiserliche Residenz (Kokyo) öffentlich zugänglich, an Neujahr und am Geburtstag des Kaisers. Besuchergruppen werden nach Voranmeldung auch an anderen Tagen in Teile des Gartens geführt

2 Kokyogaien (Nationalgarten) mit Nijubashi (Brillenbrücke)

Die Nijubashi (bashi = Brücke) ist das bekannteste Bauwerk an den Außenseiten der Kaiserlichen Residenz. Offiziell wird sie »Steinbrücke am Haupttor« genannt. Die heutige Brücke stammt aus dem Jahr 1961 (Foto Seite 32).

3 Hibiya Park

Die 1903 eröffnete Anlage westlich des Kaiserpalastes war der erste Park im westlichen Stil mit Musikpavillon, Springbrunnen und Rasen. Amerika stiftete 1952 für den Park eine Nachbildung der amerikanischen Freiheitsglocke von 1776.

4 Parlament (Kokkai)

(National Diet Building = Reichstag) Nach der Meiji-Reform von 1868 wurde immer stärker ein Parlament mit Entscheidungsbefugnis gefordert.

• Hibiya Park
• Parlament
• Nationalfriedhof Chidorigafuchi

1890 wurde das Parlament nach preußischem und englischen Vorbild eröffnet mit zwei Häusern, die bis heute Bestand haben:

• Unterhaus mit 465 Mitgliedern (Shuguin – gewählte Abgeordnete)
• Oberhaus mit 248 Mitgliedern (Sangiin – Rätehaus, Senat, vor 1947 Herrenhaus des Adels, nach 1947 gewählte Abgeordnete)

Das Parlament wird in der japanischen Verfassung von 1947 als »höchstes Organ der Staatsgewalt« verstanden. Aus dem Shuguin werden der Ministerpräsident und die Minister gewählt. Der Kaiser (ab 2019 Naruhito) ist nur Repräsentationsfigur ohne politische Entscheidungsbefugnis. Das Parlamentsgebäude mit zwei Plenarsälen für die beiden Kammern in der Nähe von Kaiserpalastes und Ministerien ist ein Bau von 1936 (auf dem Foto nur der mittlere Bauteil).

Der kleine, schön gestaltete **Diet Front Park** zwischen Parlament und Palastgraben beherbergt den Nullpunkt für die räumlichen Messungen in Japan, dazu einen von der Schweiz gestifteten Uhrturm.

Geht man vom Parlament am Palastgraben weiter nach Norden erreicht man den lang gestreckten **Chidorigafuchi Park** mit Statuen, Gedenksteinen und Kirschbäumen. Auf der anderen Seite des Palastgrabens liegt das Hanzo-Tor (Hanzomon), der westliche Zugang zum Kaiserpalast, früher zum Edo Castle.

5 Nationalfriedhof Chidorigafuchi

Der Nationalfriedhof Japans liegt im Nordwesten des Kaiserpalastes, nördlich vom Parlament und südlich vom Yasakuni-jinja. Die 1959 in errichtete Anlage erinnert an die im Zweiten Weltkrieg gefallenen Soldaten. Unter der Gedenkhalle mit dem Altar sind 350.000 Gefallene beigesetzt, die jährlich mit einer offiziellen Feier geehrt werden.

6 Yasakuni-jinja

Der »Schrein des friedlichen Landes« verehrt alle seit der Meiji-Reform von 1868 in den verschiedenen Kriegen gefallenen japanischen Soldaten als Kami, als göttliche Wesen, deren Hilfe und Schutz man in diesem Schrein anrufen kann – insgesamt 2.466.000. Der Yasakuni-jinja ist umstritten (besonders in China und Korea), weil hier auch japanische Kriegsverbrecher des Zweiten Weltkriegs in gleicher Weise verehrt werden, früher auch durch offizielle staatliche Rituale. Der

Schrein wurde zu Beginn der Meiji-Reform 1869 als Schrein für die Totengeister und »Heldenseelen« errichtet. Das 1974 errichtete Eingangstor (Dai-ichi-torii – Großes Erstes Tor) zum Yasakuni-jinja ist mit 25 m Höhe das größte Tor an einem Shinto-Schrein in Japan. Hinter dem Haiden des Schrein liegt ein Museum und ein schön gestalteter Shin-en (Göttergarten) mit Shin-chi (Götterteich).

Rund um den Kaiserpalast – Ost
(Tour 2)

Ziele: **1 Östliche Palastgärten (Burg Edo, Ninomaru Garten) – 2 Kitanomaru Garten – 3 MoMAT – 4 Science Museum – 5 Nihon Budokan – 6 National Showa Museum**

1 Östliche Palastgärten (Kokyo Higashi-gyoen)
Burg Edo, Ninomaru Garten

Der Weg führt unmittelbar ins Zentrum der Edo-Herrschaft: Die heutigen Östlichen Kaisergärten waren bis 1868 das Gelände der Burg Edo (Edo-jo), der Regierungssitz der Tokugawa-Shogune. Davon ist allerdings nicht viel geblieben. Nur einige Tore, Wachhäuser, Festungsmauern sind erhalten, dazu ein größerer Wachturm, der **Fujimi Yagura Turret** im Südwesten des Areals, gebaut 1659 mit (damals) Blick über die Stadt bis zum Fuji. Heute zeigt sich die Burg als gepflegte Gartenanlage, der Ninomaru Garten ist eine Perle, zentral in der Stadt. Dort sind auch Symbolbäume für jede der 47 Präfekturen

Beginn:
- Otemachi
  (I09 Mita,
  C11 Chiyoda,
  T09 Tozai,
  M18 Marunouchi,
  Z08 Hanzomon)

Ende:
- Kudanshita
  (S05 Shinjuku,
  Z06 Hanzomon,
  T07 Tozai)

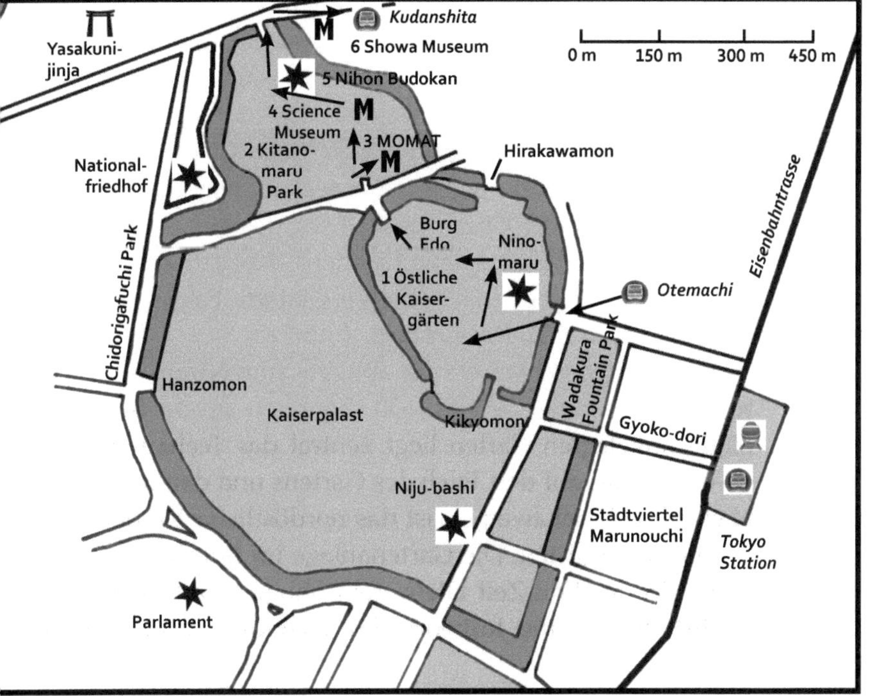

Seite 38:
- Festungsmauern der ehemaligen Burg Edo hinter dem Tor Otemon
- Fundament des Burgturms

Japans angepflanzt. Insgesamt sind es 260 Bäume von 30 Arten.

Die **Burg Edo** wurde bereits 1457 vom Daimyo (Fürst) Ota Dokan errichtet; ab 1590 war sie Sitz der Tokugawa-Familie, dann von 1603 bis 1868 Sitz des Shogunats. Durch die Tokugawa Shogune wurde sie erheblich ausgebaut, die Befestigungen wurden verstärkt. Immer wieder mussten auch Gebäude erneuert werden, weil sie durch Feuer zerstört wurden – das große Problem der traditionellen Bauten in Japan mit ihrer Holzständerarchitektur und dazwischen leicht brennbaren Baumaterialien.

Von der Metrostation Otemachi kommend betritt man das Gelände der Östlichen Kaisergärten durch das **Otemon** (mon = Tor). Danach geht es entlang gewundener Festungsmauern und vorbei an verschiedenen Wachhäusern (Kasernen der Garde des Shoguns, etwa Doshin Bansho, Hyakunin Bansho, Obansho) zu einem höher gelegenen Plateau, wo sich der Kern der Burg befand und wo man hinter einer weiten Rasenfläche das Fundament der Hauptresidenz (»Bergfried« – Tenshudai) sieht. Seitlich zeigt ein kleines Museum, wie der Honmaru, der Kernbereich der Burg mit dem Festungsturm früher ausgesehen hat.

Bei der Übernahme der Macht durch den Meiji-Kaiser 1868 wurde die Burg Edo unbeschadet übergeben, doch brannte sie 1873 ab. Nach einer Übergangszeit zog das Kaiserhaus 1888 weiter westlich in eine neue Residenz (Kokyo), dort ist bis heute der allerdings inzwischen erweiterte Palast des Tenno, des japanischen Kaisers (vgl. Tour 1).

Nach Osten geht es wieder abwärts zum **Ninomaru Garten**, dessen Anlage bereits 1630 begonnen wurde. Im großzügig angelegten Garten liegt zentral das Teehaus Suwa-no-chaya, das auf den Teich des Gartens und den Irisgarten blickt. Das Hirakawamon ist das nordöstliche Tor der Östlichen Kaisergärten. Die Gartenanlage im Burgbereich Edo diente in der Edo-Zeit allein dem Shogun und dem Adel als Erholungs- und Ruheort; das Teehaus Suwa-no-chaya nur für einen kleinen Personenkreis macht diese Bestimmung deutlich. Heute sind die Östlichen Kaisergärten und darin der Ninomaru Garten für das allgemeine Publikum geöffnet und – trotz vieler Besucher am Wochenende – eine ruhige Anlage, die an vielen Orten an die Geschichte Japans und seine Kultur erinnert (etwa die 260 Bäume der 47 Präfekturen an die Gliederung des japanischen Staates).

Zu den Östlichen Kaisergärten gehört auch in der Nähe des Otemon das **Museum der Kaiserlichen Sammlung** (Sannomaru Shozokan). Das Museum zeigt Kunst und Kunstgewerbe aus dem kaiserlichen Besitz.

Bild der Burg Edo, in der Mitte der Festungsturm, dessen Fundament erhalten geblieben ist, vorn Festungsmauern (Fotos Seite 38)

Östliche Kaisergärten, Ninomaru Garten

- MoMAT – Museum of Modern Art Tokyo
- Science Museum
- Nihon Budokan
- Tayasumon

Zur Zeit wird das 1993 eröffnete Gebäude renoviert. Im Norden ist auch die Konzerthalle **Tokagakudo** (Pfirsischblütenhalle) von 1963 zu Ehren der Kaiserin. Das achteckige Betongebäude ist außen mit bunten Mosaiken geschmückt.

2 Kitanomaru Garten

In der Edo-Zeit war dieser Bereich die nördliche Vorburg von Edo-jo. Heute befinden sich in dieser Parkanlage Museen und Sportstätten. Von den Östlichen Kaisergärten aus erreicht man den Park durch das Kitahanebashimon, das nördliche Tor der Burg Edo, muss dann aber eine Schnellstraße überqueren.

Leider nicht mehr an dieser Stelle in dem alten Ziegelsteinbauwerk etwas westlich, sondern in den Westen Japans verlagert ist das **National Crafts Museum**. Von außen lohnt der Blick auf das Gebäude allerdings immer noch; was daraus wird, ist noch unklar.

3 MoMAT (National Museum of Modern Art Tokyo)

Geht man vom Kitahanebashimon nach Nordost, so kommt zuerst am Nationalarchiv vorbei und gelangt dann im Kitanomaru Park zu Japans erstem, 1952 gegründeten Nationalen Kunstmuseum MoMAT. Es besitzt 13.000 Werke japanischer und europäischer Kunst vor allem aus dem frühen 20. Jahrhundert. Auch werden herausragende Sonderausstellungen veranstaltet, sodass sich ein Besuch lohnt (Information unter: www.momat.go.jp).

4 Science Museum

Unmittelbar nebenan (obwohl der Fußweg einen Bogen macht), liegt in einem modernen Bau (Betonkasten wie das MoMAT) das Science Museum. Das Museum wurde 1964 vor allem für Schüler und Studenten eingerichtet, um ihnen interaktiv die neusten Entwicklungen der Technik und Forschung zugänglich zu machen. So gibt es Abteilungen für Verkehrstechnik, Kernenergie, Weltraumtechnik, Medizintechnik und für andere Themen. Wie üblich gehören auch ein Café und ein Shop zur Einrichtung.

5 Nihon (Nippon) Budokan

Geht man im Kitanomaru Park weiter nach Norden, gelangt man zu einer großen achteckigen Halle mit chinesisch anmutendem geschwungenen Dach, dem Nihon (= Japan) Budokan (budo = Kampfkunst, -kan = Halle). Das Gebäude wurde 1964 für die Olympiade in Tokyo gebaut und fasst 14.000 Zuschauer. Hier finden vor allem Wettbewerbe der verschiedenen japanischen Kampfkünste statt (Sumo-Ringen dagegen in Ryogoku, Tour 23): Judo, Karate, zudem auch Konzerte moderner Bands wie ABBA oder Scorpions.

Man verlässt den Kitanomaru Park im Norden durch das **Tayasumon**, überquert den Wassergraben und wendet sich nach rechts. Dort findet sich zuerst ein Reiterdenkmal von **Iwao Oyama** (1842-1916), des Oberbefehlshabers im (von Japan gewonnenen) russisch-japanischen Kriegs von 1904-1905. Danach ist man überrascht, einem Leuchtturm zu begegnen, dem 1871 erbauten **Lantern Tower** (Joto Myodai) mit knapp 17 m Höhe im pseudowestlichen Stil. Das Licht des Turms gab bis ins 20. Jahrhundert den Schiffen in der Tokyo Bay Orientierung. Heute ist das wegen der Hochhausbebauung nicht mehr möglich.

6 Showakan (National Showa Memorial Museum)

Das Showakan mit seiner auffallenden Architektur liegt im Norden des Kaiserpalastes und vor dem Eingang zum Yasakuni auf der anderen Straßenseite (Tour 1) an der Metrostation Kudanshita. In diesem Museum wird das Leben der Stadtbevölkerung von Tokyo während der Showa-Zeit (1926–1945/1986) dargestellt, also vor, während und nach dem Zweiten Weltkrieg. In Exponaten, Fotos und Filmen wird gezeigt, wie die Bevölkerung im Krieg litt und nach dem Krieg den Wiederaufbau vorantrieb. Dies geschieht allerdings unkritisch gegenüber der japanischen Kriegsschuld.

• Statue Iwao Oyama
• Joto Myodai (Leuchtturm)
• Showa Museum

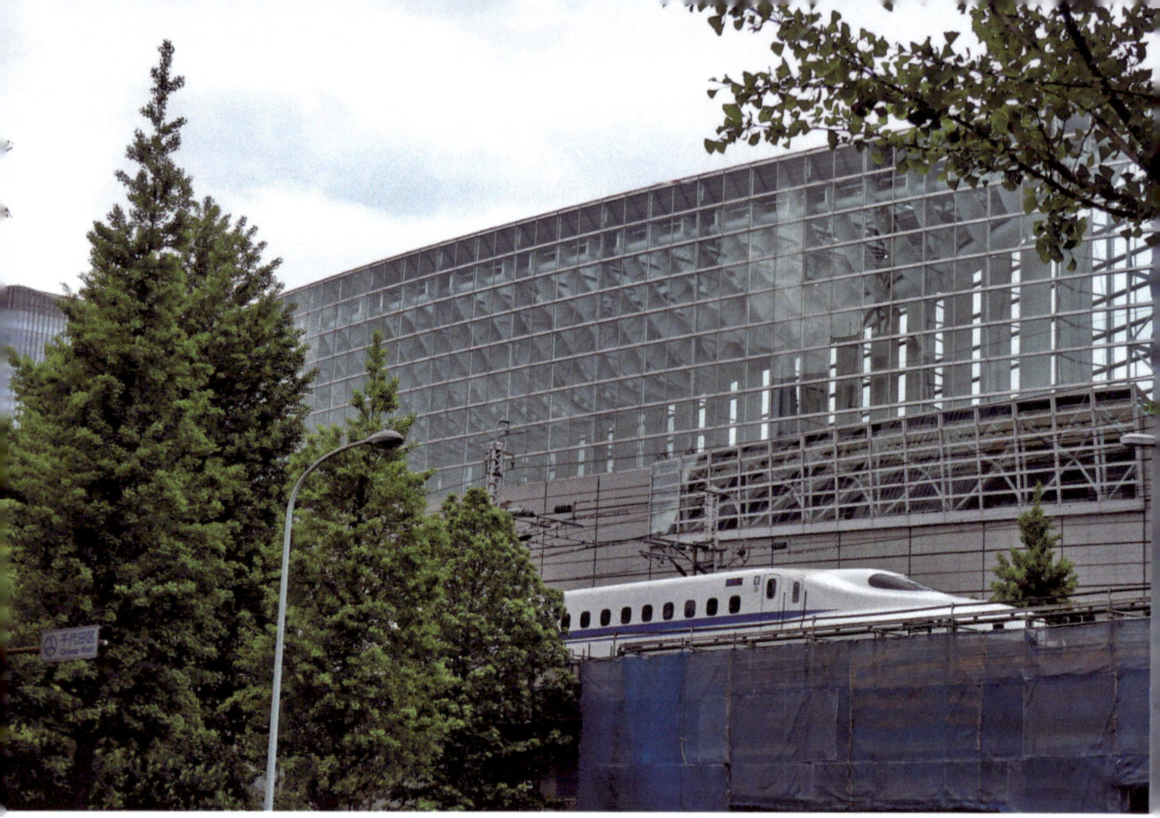

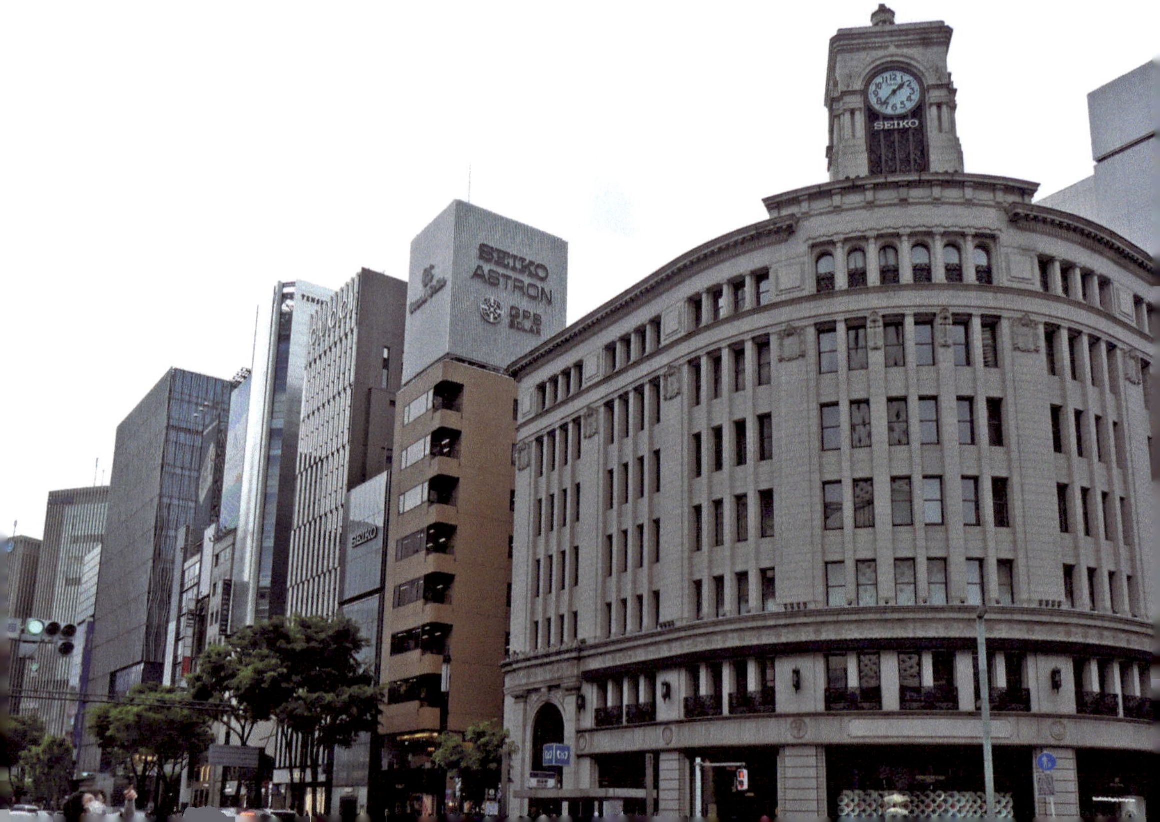

Ziele: *1 Artizon Museum – 2 Mitsubishi-Ichigokan Museum –*
3 Idemitsu Museum of Arts – 4 Tokyo International Forum –
5 Ginza und Nebenstraßen – 6 Kabukiza

Beginn:
• Tokyo Station
 (JY01 Yamanote,
 M17 Marunouchi)
Ende:
• Ginza
 (G09 Ginza,
 M16 Marunouchi,
 H08 Hanzomon)
oder
 Tsukiji
 (H10 Hanzomon)

Stadtviertel Yaesu – Marunouchi – Ginza – Tsukiji
Yaesu ist das Hochhausviertel östlich von Tokyo Station. Mit der Nihonbashi (Nihon-Brücke) markierte man in der Edo-Zeit das Zentrum Japans. Hier sind auch die großen Kaufhäuser (u.a. Mitsukoshi)
zu finden (vgl. Tour 18). Zu *Marunouchi* vgl. Seite 34. *Ginza* (Gin
= Silber, za = Lager, Ort) ist seit dem Beginn der Edo-Zeit als Sil-
bermünzstätte bekannt. Dadurch
siedelte sich in diesem Viertel auch
der Handel an. Nach einem Brand
wurde die Hauptstraße Ginza 1872
als breite Prachtstraße neu errichtet
und mit Luxusgeschäften, Restaurants, Hotels und Theater zu einem
Zentrum der Stadt. *Tsukiji* ist das
Viertel am (alten) Fischhafen und
war dementsprechend Zentrum
des Fischhandels (vgl. Tour 28).

1 Artizon Museum
Die meisten japanischen Konzerne richten Privatmuseen ein, in
denen sie hochwertige Kunst aus
Japan oder Europa präsentieren.
Ishibashi Shojiro, der Gründer des
Reifenherstellers Bridgestone, stiftete 1952 das Bridgestone Museum
of Art, (ab 2019 Artizon Museum),
das heute in den untersten Etagen

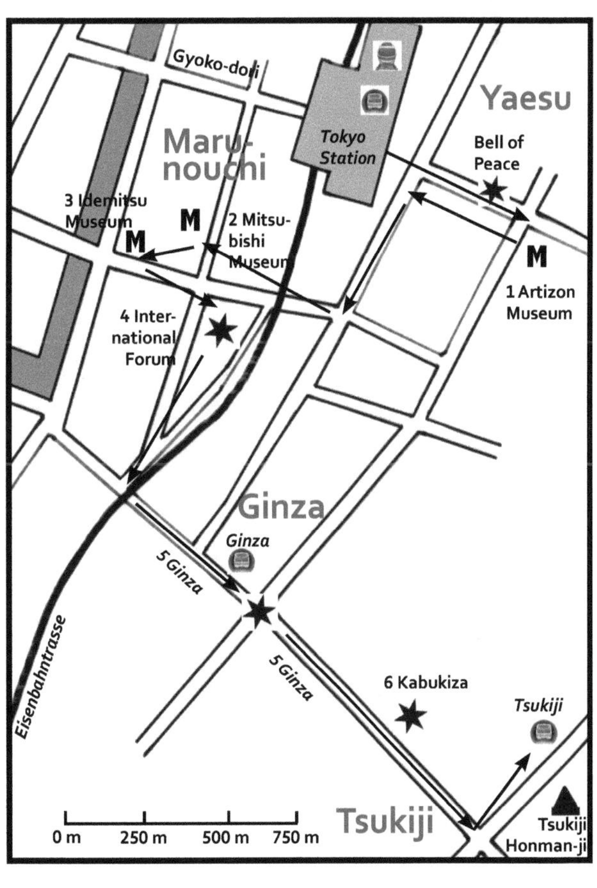

Seite 44:
• Shinkansen vor Tokyo International Forum
• Ginza, Seiko House Ginza Clock Tower

• Artizon Museum
• Pyramide Jan Joosten
und Bell of Peace
• Mitsubishi Museum

des Kyobashi Tower untergebracht ist. Sammlungsschwerpunkt der Privatsammlung ist der europäische Impressionismus.

Yaesu: Bell of Peace und Pyramide Jan Joosten: Die Pyramide im Mittelstreifen der Straße vor dem Artizon Museum erinnert an den niederländischen Seefahrer Jan Joosten van Lodensteyn (1556–1623), der zusammen mit William Adams zu Beginn des 17. Jahrhunderts das Vertrauen des Shoguns erwarb und deshalb (als Ausnahme!) Handel mit Japan betreiben durfte. Er hatte in der Nähe seine Niederlassung. 1989 wurden Pyramide und Friedensglocke von Niederländern gefertigt und gestiftet. Das Stadtviertel Yaesu ist nach dem japanischen Namen von Jan Joosten benannt.

2 Mitsubishi-Ichigokan Museum

Als der Mitsubishi Konzern 2009 ein riesiges Bürohochhaus für seine Hauptverwaltung errichtete, wurde der alte Hauptsitz aus dem Jahr 1894 als Nachbau erneuert, um ein Museum für französische Kunst des 19. Jahrhunderts aufzunehmen.

3 Idemitsu Museum of Arts

Auch der 1911 gegründete Erdöl- und Energiekonzern Idemitsu hat in Marunouchi ein Privatmuseum (unscheinbarer Eingang, dann Fahrstuhl zur oberen Etage). Darin geht es um beste japanische Kunst; Bilder und Keramik sind Sammlungsschwerpunkte.

4 Tokyo International Forum

Das Forum ist ein 1996 vom uruguayischen Architekten Rafael Vinoly (1944-2023) errichtetes Mehrzweckgebäude mit einer äußerst ungewöhnlichen Architektur. An dieser Stelle war bis 1991 das Tokyo Metropolitan Government gewesen, die Verwaltung der Präfektur Tokyo, die dann nach Shinjuku in einen Neubau gezogen ist (vgl. Tour 4). Das Glass Building ist als Eingangsgebäude transparent gehalten, mit Glasdach und in einer Schiffsform. Daran schließen sich nördlich vier achtgeschossige Blöcke an, in denen unterschiedliche Hallen (eine fasst bis zu 5.000 Personen), Konferenzräume, dazu ein Museum für Kalligraphie (Mitsui Aida Museum) im Untergeschoss, Restauration vorhanden sind.

International
Forum,
Statue
Ota Dokan

International
Forum,
Eingangshalle

Im Eingangsbereich steht eine Statue des Erbauers der Burg Edo, Fürst Ota Dokan, dazu gibt es Erklärungen zu seinem Wirken.

5 Ginza und Nebenstraßen

Die Ginza ist heute die Straße der Luxusgeschäfte und der hochwertigen Unterhaltung und Restauration.

6 Kabukiza

1889 eröffnet ist das Kabukiza in der Ginza-dori das größte japanische Kabuki-Theater. Kabuki (»Gesang und Tanz«) erzählt mit Gesang, Tanz und Pantomime, zudem aufwändigen Kostümen Historienstücke und Szenen aus der bürgerlichen Welt.

Kabukiza
in der Ginza

MODE
HAL
EKO

Nishi-Shinjuku  (Tour 4)

Ziele: 1 Shinjuku Station – 2 Cocoon Tower – 3 Sompo Museum of Art – 4 Hochhäuser in West-Shinjuku – 5 TMG Aussichtsplattform – 6 Shinjuku Chuo Park mit Kumano-jinja

Beginn:
• Shinjuku Station (JY17 Yamanote, M08 Marunouchi F13 Fukutoshin, S02 Shinjuku)
Ende:
• Nishi-Shinjuku (M07 Marunouchi)

Shinjuku

Mit dem riesigen Bahnhof Shinjuku Station in der Mitte ist Shinjuku einer der bedeutendsten Stadtbezirke von Tokyo: Nach Westen hin, wie in dieser Tour zu sehen, ist es das zweitgrößte Hochhausviertel in Japan; dort ist auch der Sitz der Metropolregierung TMG (Tokyo Metropolitan Government). Nach Nordosten hin liegt mit Kabukicho eines der ältesten und größten Unterhaltungsviertel der Metropole. Nach Osten ist nur einen kurzen Weg entfernt der 60 Hektar große Park Shinjuku Gyoen (vgl. Tour 5). Nach Süden kommt man nach Harajuku und zum Yoyogi Park mit dem Meiji-jingu (vgl. Tour 6). Um den Bahnhof ist das größte Einkaufsviertel Japans, den Bahnhof selbst kann man durch die großen Geschäftsgebäude nur von wenigen Stellen sehen. Solche Kaufhäuser können

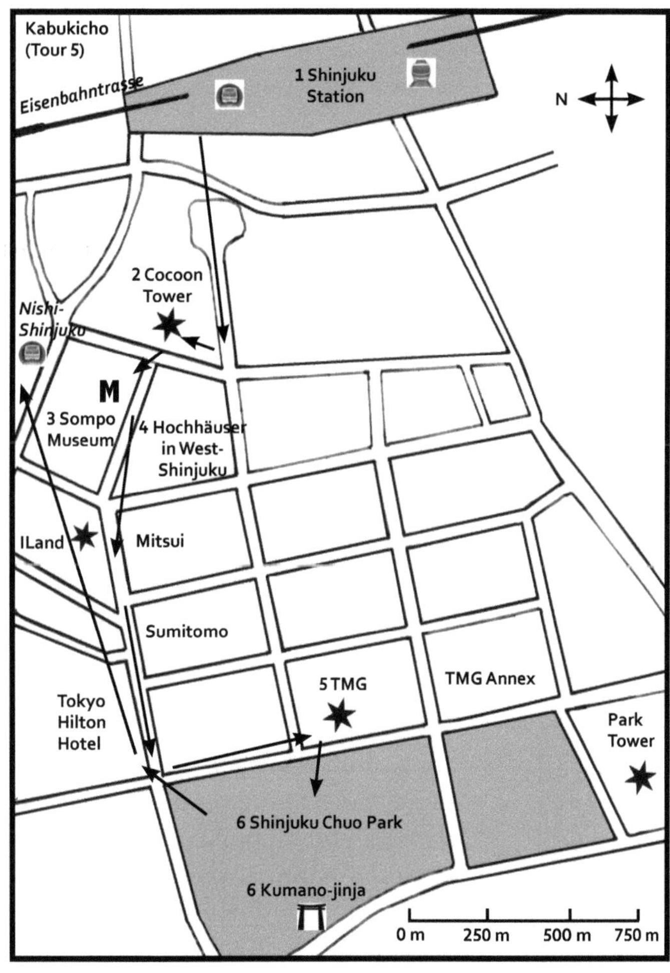

Seite 48:
Cocoon Tower

Kaufhäuser rund um Shinjuku Station:
• Takashiyama (Südseite), dahinter Docomo Tower
• Keio und Odakyu (beide Westseite)

bis zu 17 Stockwerke aufragen (etwa Takashimaya, vgl. Foto). Shinjuku hat 350.000 Einwohner (= 19.000 E/km^2), doch tagsüber wächst die Zahl durch Pendler auf über eine Million Menschen. Damit ist Shinjuku nicht der größte Ku, was die Einwohnerzahl angeht (das ist der flächenmäßig größere Stadtbezirk Setagaya mit 900.000 Einwohnern), wohl aber die größte Wirtschafts-, Finanz- und Verwaltungszentrale Japans. Der Name Shinjuku (Neues Hotel) stammt von einer Poststation aus der frühen Edo-Zeit, die an der Ausfallstraße von Edo nach Westen lag und in der Reisende übernachten konnten.

1 Shinjuku Station

Dies ist der größte Bahnhof der Welt mit den meisten Fahrgästen pro Tag (vier Millionen). Die Shinkansen-Schnellzüge (vgl. Tokyo Station, Tour 1) fahren nicht hierhin, wohl aber ist Shinjuku der zentrale Bahnhof für den innerstädtischen Verkehr durch S-Bahn und Metros und für den Nahverkehr ins Umland. Mehrere Eisenbahngesellschaften fahren den Bahnhof an, vor allem JR East (Japan Railway mit der Yamanote Ring-S-Bahn), Odakyu und Keio. Dazu kommen drei Metrolinien, vor allem die wichtigste West-Ost-Verbindung, die Marunouchi Linie. Auch gibt es in kurzen Zeitabständen eine Schnellzugverbindung zum Flughafen Narita (zum Flughafen Haneda von Shinjuku mit der Yamanote bis Hamamatsucho, dann Monorail-Bahn). Insgesamt gibt es 52 Bahnsteige und 200 Ausgänge, doch viele von ihnen führen direkt in die umliegenden Kaufhäuser und sind deshalb unübersichtlich. Klar gegliedert und für eine gute

Orientierung geeignet sind dagegen der Nord- und der Süddurchgang, die auch fußläufige Verbindungen zwischen dem West-und dem Ostteil von Shinjuku schaffen. Shinjuku Station ist mit den umliegenden, durch mehrere Ebenen verbundenen Gebäude ein eigenes Stadtviertel. Vom Norddurchgang (dort Marunouchi Metro) führt der Weg in das Hochhausviertel Nishi-Shinjuku (West-Shinjuku).

2 Cocoon Tower

Der nach dem Kokon der Seidenraupe benannte (Mode Gakuen) Cocoon Tower (Foto Seite 48), 2008 mit 204 m Höhe und 50+4 Geschossen gebaut, beherbergt zwei Hochschulen in privater Trägerschaft für 10.000 Studenten: die Mode Gakuen Design-Hochschule und die HAL (Hochschule für Informatik und Robotik).

3 Sompo Museum of Art (Sompo Bijutsukan)

Der Versicherungskonzern Sompo Japan Nipponkoa hat vor seinem Bürohochhaus ein eigenes viergeschossiges Museum eingerichtet. Darin wird vor allem die wertvolle Sammlung des japanischen Malers Seiji Togo (1897-1978) gezeigt. Doch das Museum besitzt auch

Cocoon Tower

wertvolle Werke der europäischen Kunst – darunter eines der sieben Sonnenblumenbilder von Vincent van Gogh, das 1987 zum Rekordpreis von 25 Millionen Englische Pfund ersteigert wurde. Auch andere Künstler wie Picasso und der in Japan sehr beliebte Georges Rouault sind im Museum vertreten.

4 Hochhäuser in West-Shinjuku

Westlich von Shinjuku Station waren früher eine Kläranlage und Anlagen zur Wasseraufbereitung. Im Chuo Park ist noch eine Erinnerung daran zu sehen. Als diese Anlagen verlagert wurden, wurde hier eine städtische Verdichtung durch eine ganze Reihe von weit über 200 m hohen Wolkenkratzern verwirklicht. Es sind Gebäude für die Verwaltung großer Konzerne, aber auch mit dem TGM der Präfektur Tokyo. Auch Hotels (Hilton Hotel und Park Hotel) haben beeindruckende Bauten hochgezogen. Auf dem Nomura Tower gibt es eine (kostenlose, einfach mit dem Fahrstuhl der Eingangshalle hochfahren) Aussicht nach Nordwesten. Besser aber ist die Aussicht von den beiden Plattformen der TMG-Türme. In gesamten Gebiet sind weite Strecken untertunnelt, unterirdisch findet man auch Restaurants und Geschäfte, während überirdisch außer den Hochhäusern nicht viel zu sehen ist.

Einige Hochhäuser in Nishi-Shinjuku:
ILand
Hilton Hotel
Mitsui
Sumitomo

Seite 53: TMG

Sumitomo

Sompo

Nomura + Sompo

5 TMG Aussichtsplattform
(Tokyo Metropolitan Government Building)

Der beeindruckende Bau (Foto Seite 53) erscheint wie eine Kathedrale mit zwei Türmen, doch ist er nichts anderes als ein Verwaltungsbau der Präfektur Tokyo und zugleich Sitz des Gouverneurs von Tokyo. Früher in Marunouchi gelegen (wo heute das Tokyo International Forum ist, vgl. Tour 3), wurde die Verwaltung in den 1990er Jahren nach Shinjuku verlegt. Zum TMG gehören weiter ein Annex-Bau (ebenfalls Hochhaus) und eine Assembly Hall für das Präfekturparlament. Vom renommierten Architekten Kenzo Tange (1913-2005) in der Zeit von 1988-1991 erbaut, hat das Hauptgebäude bei 243 m Höhe 48 oberirdische und drei unterirdische Geschosse. In beiden Türmen gibt es eine kostenlose Aussichtsplattform im 45. Geschoss, von denen aus man über die ganze Stadt, bei klarem Wetter auch bis zum 50 km entfernten Fuji sehen kann.

6 Shinjuku Chuo Park (Zentral-Park) mit Kumano-jinja

Von 1911-1965 befand sich hier eine zentrale Wasseraufbereitungsanlage für die Viertel Nishi-Shinjuku (West-Shinjuku) und Kabukicho. Danach wurde die Fläche für einen 80.000 m² großen Park und als Baugrund für einige der Shinjuku Hochhäuser umgewandelt. An die Wasseraufbereitungsanlage erinnert noch ein kleines Mauerstück, ansonsten gibt es im Park einen Wasserfall, Freiflächen für Spiel und Unterhaltung und am Rand nach Westen hin den alten Shinjuku Kumano-jinja, ein schönes Beispiel shintoistischer Baukunst. Der Schrein stammt aus der Muromachi-Zeit (1333-1573) und wurde zur Verehrung einer lokalen Gottheit dieser Region gebaut.

Shinjuku
Kumano-jinja

Docomo Tower   TGM Tower   Cocoon Tower
          in der Mitte eingebettet: Shinjuku Station, vorn Shinjuku Gyoen (Park, Tour 5)

Blick vom MoriTower (Tour 12): in der Mitte Nationalstadion (Tour 7), dahinter Shinjuku Gyoen (Park)
TGM Tower   Docomo   Cocoon Tower   Kabukicho Tower (Seite 58)

カラオケ歌広場
カラオケ
歌広場
カ
ラ
オ
ケ
歌
PePe
PePe
METRO
マック、みっけ。
McDonald's
パチンコ&スロット
日本最大級
メガホール
超大型店
初代北斗の拳
パチンコ エスパス

Zilch
Dume bar
JAN
JUNE
ジャン・ジュ
花園三
あの時の女
たちばな
すず
BOO
Golden Dot
BAR
JACK DANIEL'S
zuna
ガルガンチュア

Shinjuku: Kabukicho – Sanchome

(Tour 5)

Ziele: 1 Shinjuku-Kabukicho – 2 Godzilla Head und Ninja Trick House – 3 Thermae Yu (Onsen) – 4 Golden Gai – 5 Hanazone-jinja – 6 Taiso-ji – 7 Shinjuku Gyoen (Park)

Diese Tour im Ostteil des Stadtbezirks (Ku) Shinjuku ist im Vergleich zu den bisherigen eher erholsam: Es geht durch das Unterhaltungsviertel Kabukicho, möglich ist dort auch der Besuch in einem schönen Onsen. Nach dem Besuch eines Schreins und eines Tempels spaziert

Beginn:
- Shinjuku Station (JY17 Yamanote, M08 Marunouchi F13 Fukutoshin, S02 Shinjuku)

Ende:
- Shinjuku Gyoemmae (M10 Marunouchi)

oder
- Sendagaya (JB12 JR Chuo)

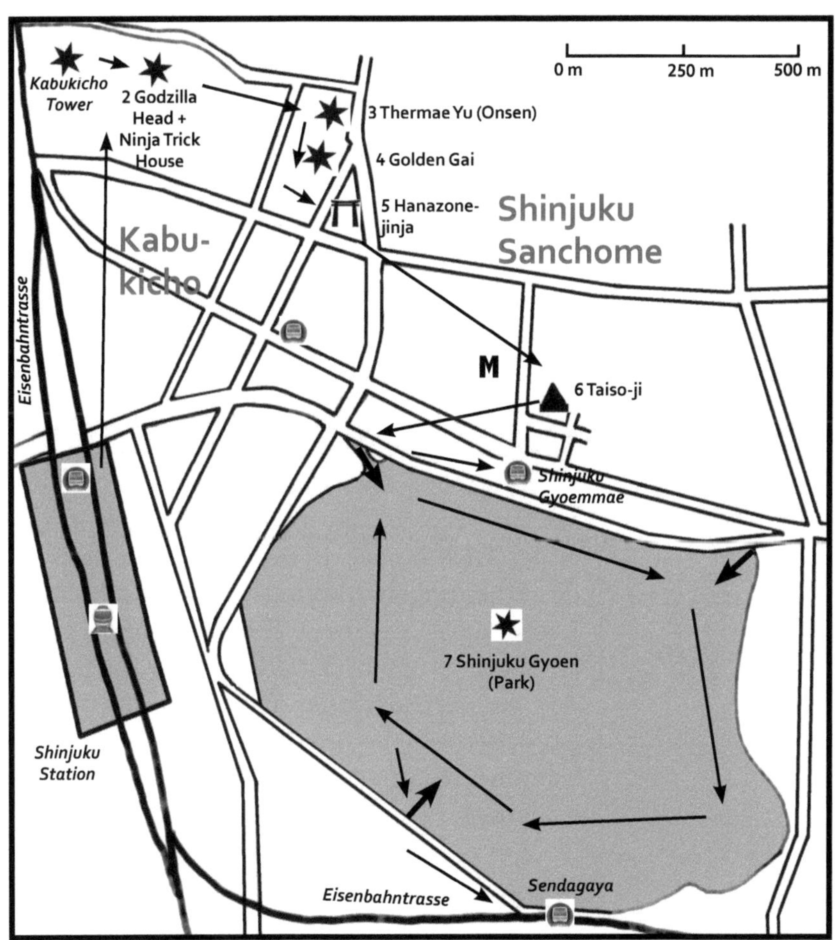

Seite 56:
- Shinjuku-Kabukicho
- Golden Gai

man den Rest des Tages durch den großen Park Shinjuku Gyoen. In der weiten Anlage und in den dortigen Gewächshäusern kann man viele Stunden verbringen.

1 Shinjuku-Kabukicho

Im damals ruhigen Wohnviertel nordöstlich von Shinjuku Station sollte nach dem Zweiten Weltkrieg ein Kabuki-Theater (vgl. Seite 47) gegründet werden, doch dazu kam es nie. Statt dessen wurde das nun Kabukicho genannte Viertel (cho = Viertel) zum größten Vergnügungsviertel Tokyos mit Unterhaltungsmöglichkeiten in jeglicher Richtung: Bars, Restaurants, Love-Hotels, Spielhallen, Karaokebars … Erst 2023 fertiggestellt ist der 225 m hohe Tokyu Kabukicho Tower mit 48 Stockwerken. Dies ist ein Unterhaltungs- und Erholungsturm mit Bars, Kinos, Theater, zwei Hotels, Kunst-Installationen und der Zentrale von Sony Music Entertainment. Das ungewöhnliche Design erscheint angenähert an Wasserfontänen.

2 Godzilla Head und Ninja Trick House

Auf einem Dach des großen Kinokomplexes Tohu Cinemas (dort auch Hotel Gracery) ist ein **Godzilla** zu sehen, ein Monster, das ab 1954 in japanischen und amerikanischen Filmen erscheint. Wenige Gassen weiter liegt das kleine **Ninja Trick House**, in dem vor allem für Kinder Erklärungen und Vorstellungen der Ninja-Kampfkunst gegeben werden. Ein Ninja (Verborgener) war ein Einzelkämpfer, oft Spion, der die verschiedenen Techniken des Ninjutsu beherrschte: Körperbeherrschung, Tarnen, Kämpfen mit unterschiedlichsten Waffen. Nijas trugen schwarze oder blaue Kampfkleidung.

• Tokyu Kabukicho Tower
• Tohu Cinemas Shinjuku mit Godzilla

3 Thermae Yu (Onsen)

Ganz Japan ist ein vulkanisch aktives Gebiet, deshalb gibt es überall im Land heiße Quellen. Sehr (!) heiße Bäder werden von den Japanern gerne zur Entspannung genutzt. Wenn es sich bei dem Wasser um Thermalwasser aus einer Quelle handelt, dann nennt man eine solche Badeeinrichtung *Onsen* (*sen* = heißes Wasser), wenn es um aufgewärmtes Leitungswasser geht, ist es ein *Sento*. Grundsätzlich wird nackt gebadet, heute allerdings (amerikanischer Einfluss nach dem Zweiten Weltkrieg) nach Geschlechtern getrennt. Zu einem Onsen/Sento gehören meist auch andere Einrichtungen: ein Restaurant, Massage, Akasuri nach koreanischer Art (Körperpeeling) …

4 Golden Gai

Eine kleine Stelle von Kabukicho mit nur sechs kleinen Gassen wird Golden Gai genannt: Dort finden sich auf zwei bis drei Etagen dicht gedrängt 200 kleine Bars und individuell gestaltete Restaurants mit gehobener Küche. Golden Gai ist ein Treffpunkt von Künstlern und Musikern und hat abends eine ganz eigene Atmosphäre.

5 Hanazone-jinja

Im 17. Jahrhundert gegründet ist der Schrein Inari gewidmet, der Reis- und Erntegöttin, deren Symboltier der Fuchs ist. Es geht bei Inari heute aber meist um finanziellen Erfolg. Dementsprechend verehren vor allem Geschäftsleute aus Shinjuku in diesem etwas ver-

Hanazone-jinja

Seite 61:
Shinjuku Gyoen
(unten:
Taiwan Pavillon)

steckten, aber schönen Schrein den Kami Inari und bitten um gute Geschäfte. Besonders an Neujahr ist hier viel los. Im November gibt es auf dem Schreingelände (wie auch an anderen Orten in Tokyo, etwa in Asakusa) das Tori-no-ichi Fest, bei dem es ebenso um geschäftlichen Erfolg und um Glück geht.

6 Taiso-ji

Der Tempel Kasumigaseki-zan Honkaku-in Taiso-ji geht zurück auf das Jahr 1596 und den Jodo-shu (Schule des Reinen Landes) Mönch Taiso. Im Zweiten Weltkrieg wurde der Tempel zerstört und in ungewöhnlich moderner Form wieder aufgebaut. Neben dem Neubau steht noch ein kleiner Tempel in traditioneller Bauweise, der Enma, dem König der Unterwelt, gewidmet ist. Durch ein Gitter kann mit die große Statue dieses Höllenkönigs entdecken.

7 Shinjuku Gyoen (Park)

Im Jahr 1591 wurde der Fürst Naito Kiyonari vom Shogun Tokugawa Ieyasu mit einem Stück Land belehnt. Er legte auf diesem großen Gelände einen Garten an, der der Grundstock des heutigen Parks ist. Nach der Meiji-Reform 1868 übernahm das Kaiserhaus den Garten und nutzte ihn zum einen als Gemüsegarten für den kaiserlichen Hof, zum anderen als Forschungsstation für Tiere und Pflanzen Japans. 1906 wurde ein großer Teil des Parks in einen Garten im europäischen Stil umgewandelt, zugänglich aber nur für das Kaiserhaus und für Ehrengäste. Nach dem Zweiten Weltkrieg wurde 1947 der Shinjuku Gyoen der Öffentlichkeit zugänglich gemacht. Der weitläufige Park im Stadtviertel Shinjuku Sanchome umfasst heute etwa 60 Hektar Fläche. er ist unterteilt in einen nördlichen Bereich mit verschiedenen Gewächshäusern, in denen gefährdete japanische Pflanzen gezüchtet und gezeigt werden, und in verschiedene Themengärten: europäischer Garten (mit Rosen), Baumgarten als Landschaftsgarten, japanischer Garten und viel Freiflächen zur Erholung.

Yoyogi – Harajuku (Tour 6)

Ziele: 1 National Yoyogi Stadion – 2 Yoyogi Park – 3 Meiji-jingu mit Irisgarten und Museum – 4 Omotesando-dori – 5 Ota Kunstmuseum für Ukiyo-e – 6 Nezu Museum

Auf diesem Weg erreicht man eine der zentralen Stellen des japanischen Kaiserreiches, den Meiji-Schrein, der dem Reform-Kaiserehepaar von Ende des 19. Jahrhundert gewidmet ist. Zuvor gilt es mit den beiden Stadion-Hallen architektonische Highlights zu entdecken. Diese gibt es teilweise auch auf der Omotesando-dori, der Luxusgeschäftsstraße. Etwas seitlich dieser »Champs-Elysées« von Tokyo liegt das Ota-Kunstmuseum für Ukiyo-e. Etwas weiter westlich liegt ein anderes Kunstmuseum, das private Nezu-Museum. Wer möchte kann noch das Taro Okamoto Wohnhaus und Atelier und/oder das Yoku Moku Museum (Keramik von Picasso) besuchen.

1 National Yoyogi Stadion (Kokuritsu Yoyogi Kyogijo)

Die beiden Hallen südlich des Yoyogi Parks wurden 1963-1964 vom Stararchitekten Kenzo Tange (1913-2005) für die Olympiade 1964

Beginn:
• Harajuku
  (JY19 Yamanote)
oder
• Meiji-jingumae
  Harajuku
  (F15 Fukutoshin,
  C03 Chiyoda)
Ende:
• Omotesando
  (Z02 Hanzomon,
  G02 Ginza,
  C04 Chiyoda)
oder
• Meiji-jingumae
  Harajuku
  (F15 Fukutoshin,
  C03 Chiyoda)

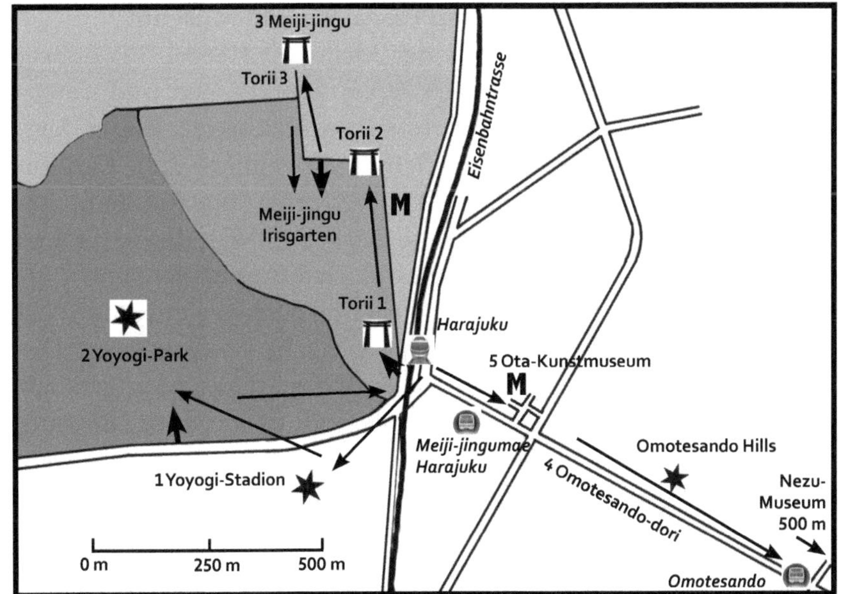

Seite 62:
• National Yoyogi
  Stadion
• Meiji-jingu

erbaut, dort fanden die Schwimm-wettkämpfe statt. Es gibt zwei Mehr-zwecksporthallen, die große Halle fasst 10.500 Plätze, die kleine Halle 3.200 Plätze. Heute werden die Hallen meist für Eishockey oder Basketball, zudem für Konzerte genutzt. Man kann um die beiden Hallen herum-gehen.

2 Yoyogi Park

Der 54 Hektar große Park war früher Militärgelände, wurde dann von der amerikanischen Besatzungsmacht ge-nutzt und nach der Olympiade 1964 als öffentlichen Park gestaltet mit weiten Rasenflächen (insgesamt 20 Hektar) und vor allem vielen hohen Bäumen (über 10.000) vor allem japa-nischer Arten. Heute ist der Park ein weites Erholungsgebiet ähnlich dem Shinjuku Gyoen (Tour 5).

3 Meiji-jingu
mit Irisgarten und Museum

In der Meiji-Zeit (1868-1912) öffnete sich Japan zum Westen und verän-derte sich grundlegend. Kaiser Mei-ji (Tenno Mutsuhito) und Kaiserin Shoken verlegten ihre Residenz von Kyoto nach Edo, das danach Tokyo (Östliche Hauptstadt) genannt wur-de. Meiji und Shoken werden im 1920

eingeweihten Meiji-jingu als Kami, als göttliche Wesen, verehrt. Der Schrein liegt im Nordosten des großen Yoyogi-Parks. Man geht auf Waldwegen durch drei Torii: Das erste Torii ist gleich am Eingang zum Schreingelände neben dem JR-Bahnhof Harajuku. Das zweite Torii (Großes Tor – Otorii) von 1920 ist mit 12 m Höhe das größte Holztor in Japan; es wurde 1975 aus japanischen Zypressen (aus Taiwan) mit 1,2 m Durchmesser der Pfeiler neu gebaut. Weiter geht

• National Yoyogi Stadion (hinten rechts: Park Tower Hotel)
• Meiji-jingu, erstes Torii
• Meiji-jingu, Sakefässer

es auf einer Promenaden mit hohen Bäumen zum dritten Torii und zum Haiden (Foto Seite 62), der Gebetshalle zur Verehrung des Kaiserpaars, die nach ihrem Tod als Schutzgottheiten Japans angesehen werden.

Wie häufig in Schreinen befinden sich auf dem Weg vor dem zweiten Torii in bunt bemaltes Stroh gewickelte Sake-Fässer (Reiswein), jährlich gestiftet von der Vereinigung der Sake-Brauer, um das Kaiserpaar zu ehren. Auf der anderen Seite der Sakefässer – und das ist einzigartig in Japan – sind Rotweinfässer, die von französischen Winzern 1920 zur Eröffnung des Schreins gestiftet wurden.

Im Schrein werden von den Shinto-Priestern (Kanushi) und ihren Helfern (Miko = Schreinmädchen) unterschiedliche Rituale durchgeführt. So gibt es etwa Anfang Mai das *Haruno-Taisai*, das Fest zur Begrüßung des Frühlings. Neben den Shinto-Ritualen gibt es auch verschiedene Aufführungen von klassischem japanischen Tanz und traditioneller Musik (Laute ...).

Geht man den Prozessionsweg zurück, so findet man vor dem zweiten Torii rechts den Eingang zum Meiji-jingu Gyoen, dem Inneren Garten

Meiji-jingu, Shinto-Ritual zum Frühlingsfest

(zum Äußeren Garten vgl. Tour 7). Er stammt in seiner Grundanlage bereits aus der frühen Edo-Zeit zu Beginn des 17. Jahrhunderts. Nach der Meiji-Reform wurde er zum Kaiserlichen Garten, der besonders von Kaiserin Shoken geliebt und gefördert wurde. Heute ist er im Mai/Juni besonders für die Irisblüte bekannt. Doch es gibt auch einen Azaleengarten, eine Quelle (Kiyomasa), einen schön geformten Teich und ein Teehaus.

4 Omotesando-dori

Die gepflegte Einkaufsstraße mit Luxusboutiquen und Designläden der angesehensten Mode-Weltmarken ist die »Champs-Elysées« von Tokyo. Nur in der Ginza (vgl. Tour 3) findet man ähnlich hohe Einkaufsqualität.

5 Ota Kunstmuseum für Ukiyo-e

Das ein wenig versteckt nördlich der Omotesando-dori gelegene Museum ist auf Farbholzschnitte der bedeutenden japanischen Künstler des 17.–19. Jahrhundert (bei uns bekannt sind vor allem Hokusai und Hiroshige) spezialisiert und zeigt ihre Werke in Sonderausstellungen. Solche Bilder zeigen nicht länger Landschaften, Pflanzen oder Bilder des Adels, sondern das alltägliche Leben der Leute mit Freud und Leid. Handwerker, Fischer, Bauern, aber auch Künstler, Kurtisanen und Geister erscheinen auf diesen Bildern der Gattung *Ukiyo-e* (Bilder der fließenden, vergänglichen Welt).

6 Nezu Museum

Am Ende der Omotesando-dori gelangt man zum Nezu Museum. Der Industrielle Nezu Kaichiro (1860-1940) kaufte das Gelände, sein Sohn Nezu II. stiftete das Privatmuseum, das in einem Neubau von 2009 mit mehr als 7.000 japanischen und asiatischen Kunstwerken und dazu einem schönen japanischen Garten bestens ausgestattet ist.

Wer möchte, kann ein wenig weiter südlich das **Taro Okamoto Memorial Museum** erreichen, Wohnhaus und Atelier des surrealistischen Künstlers (vgl. auch Tour 32). Nur wenige Schritte weiter ist das **Yoku Moku Museum**, das Keramik von Picasso ausstellt.

Omotesando-dori,
• Prada Shop
• Bambushaus Sunny Hills

Seite 67:
Meiji-jingu, Irisgarten
Teehaus und Quelle Kiyomasa

Harajuku – Aoyama (Tour 7)

Ziele: 1 Takashita-dori – 2 Togo-jinja – 3 Myoen-ji – 4 Aoyama Kumano-jinja – 5 Meiji-jingu Outer Garden – 6 Meiji Gedächtnisgalerie – 7 Nationalstadion Tokyo

Diese Tour führt zu einigen Highlights, aber auch zu beschaulichen Wohnvierteln in Aoyama. Der Meiji-jingu Outer Garden ist ein großer Park, welcher der Erholung dient. Allerdings kann man am Ende auch, wenn Zeit ist, noch einmal (vgl. Tour 5) durch den Park Shinjuku Gyoen gehen bis zur Metrostation Shinjuku Gyoemmae (M10 Marunouchi). Eine weitere Ergänzung ist das Watarium Art Museum unmittelbar östlich des Myoen-ji, das zeitgenössische Kunst zeigt.

1 Takashita-dori

Die nur knapp 400 m lange Takeshita-dori etwas nördlich von der Omotesando-dori ist Treffpunkt der etwas schrägen Jugend, die

Beginn:
- Harajuku (JY19 Yamanote)

oder
- Meiji-jingumae Harajuku (F15 Fukutoshin, C03 Chiyoda)

Ende:
- Kokuritsu Kyogijo (E25 Oedo)

oder
- Shinanomachi (JB13 JR Chuo)

Seite 68:
- Takeshita-dori
- Aoyama Kumano-jinja

sich hier in vielen kleinen Boutiquen das genau auf sie abgestimmte Outfit kauft und die sich damit zugleich als »kawaii« (niedlich) präsentiert. Restaurants und Eiskaffees sind hier und in den anliegenden Gassen zu finden, dazu gibt es spezielle Gaumenfreuden wie etwa bunte Crepes und anderes mehr. Während in der Omotesando-dori das eher ältere und kaufkräftige Publikum flaniert, ist hier die Zukunft Japans anzutreffen, beste Fotomotive inklusive.

2 Togo-jinja

Der 1940 errichtete Schrein nördlich der Takeshita-dori erinnert an Admiral Togo Heihachiro (1848-1934), dem Sieger der Seeschlacht von Tsushima 1905, der entscheidend zum Sieg Japans über Russland beitrug. General Togo wird hier als Kami verehrt, der dem Land (und besonders der Marine) Schutz gewähren soll. Jährlich am 25. Mai, dem Tag der Seeschlacht, feiert man deshalb im Schrein ein großes Fest. Jeden ersten Sonntag im Monat gibt es im Togo-jinja einen beliebten Floh- und Antikmarkt.

3 Myoen-ji

Auf dem Weg zum Aoyama Kumano-jinja kommt man an einem ruhig gelegenen buddhistischen Tempel mit Friedhof vorbei, der gut erhalten ist. Bereits im 17. Jahrhundert an anderer Stelle gegründet, wurde dieser Tempel 1706 hierher verlegt. Er gilt als

Takeshita-dori: Alles muss *kawaii* sein.

der Geburtsort des Stadtviertels Harajuku, weil sich um ihn zunehmend Menschen ansiedelten. Auch heute ist das Gebiet ein beliebter, weil ruhiger Wohnort. Bis zum Bahnhof Harajuku ist es nur einen Kilometer.

4 Aoyama Kumano-jinja

In Japan gibt es über 3.000 Kumano-Schreine, in denen vor allem Kami der Natur verehrt werden. Doch werden seit dem 10. Jahrhundert auch drei Männer (sanjin) in Kumano-Schreinen verehrt: Hongu, Shingu und Nachi. Diese Kami werden im buddhistischen Raum als Inkarnationen von Senju Kannon (tausendarmige Kannon der Barmherzigkeit), Yakushi Nyorai (Medizin-Bodhisattva) und Amida Nyora (transzendenter Buddha des Westens, vgl. auch Seite 26f.) gedeutet. Der im Stadtviertel Aoyama gelegene (zum Stadtbezirk Shibuya gehörende) Kumano-Schrein zeichnet sich durch besonders schöne farbige Schnitzarbeiten aus (Foto Seite 68) und erinnert damit an die Schreine in Nikko (Tour 35) oder an den Tosho-gu im Ueno Park (Tour 16).

5 Meiji-jingu Outer Garden

Der 31 Hektar große Park, der zum ca. 1,2 km entfernten Meiji-Schrein gehört, erinnert wie der Schrein an Kaiser Meiji und Kaiserin Shoken und ihr Wirken für ein modernes Japan. Er wurde bis 1926 von Freiwilligen angelegt. Während der Innere Garten (Irisgarten, vgl. Seite 65 und 67) im japanischen Stil gestaltet ist, zeigt sich der Äußere Garten im westlichen Stil. Im Herbst leuchtet die etwa 300 m lange Gingko-Allee in goldenen Farben. Zudem gibt es hier eine Fülle von japanischen Kirschbäumen.

Togo-jinja:
- Honden außen
- Honden innen
- Emas, u.a. mit General Togo

6 Meiji Gedächtnisgalerie (Meiji Memorial Picture Gallery – Seitoku Kinen Kaigakan)

Der 1926 fertig gestellte Repräsentationsbau erinnert mit 80 Monumentalbildern (ca. 3 x 2,5 m) an das Leben und Schaffen des Meiji-Kaisers, Tenno Mutsuhito (1852-1912), der von 1868-1912 in Tokyo regierte. Bildthemen sind dabei neben Palastszenen vor allem Politik, Militär und Diplomatie, aber auch Fragen der Bildung und Religion, der Gesundheitsvorsorge und des Transportwesens. Aus allem soll – so auf fünf Bildern – die »Liebe des Meiji-Kaisers zu seinem Volk« sichtbar werden.

7 Nationalstadion Tokyo (Kokuritsu kyogijo)

Das 2018 eröffnete und für die Olympiade 2020 (2021) genutzte Stadion des Architekten Kengo Kuma (*1954) mit 68.000 Plätzen ist ein Nachfolgebau des 1958 errichteten ersten Stadions für die Olympiade 1964. Der Betonbau wurde an vielen Stellen mit unterschiedlichen Hölzern aus allen 47 japanischen Präfekturen verkleidet. Neben dem großen Stadion liegt westlich eine weitere Halle, die Tōkyō Taiikukan (Tokyo Metropolitan Sporthalle) mit ca. 10.000 Plätzen.

Seite 73:
• Meiji-jingu,
Gedächtnisgalerie
• National
Stadion

Ziele: 1 Shibuya Station (Myth of Tomorrow) – 2 Hachiko-Denkmal – 3 Scramble Crossing – 4 Museum für Japanische Volkskunst – 5 Shoto Museum of Art – 6 Toguri Museum – 7 Bunkamura Zentrum – 8 Shibuya Straßen mit Lovehotels

Tour 8 gibt einige Impressionen des Gebietes westlich des großen Shibuya-Bahnhofes wieder. Hier finden sich vor allem einige kleinere Museen mit unterschiedlicher thematischer Ausrichtung. Aber auch im Gebiet um Shibuya Station und im Bahnhof selbst finden sich einige Sehenswürdigkeiten. Bahnhof und die Zone westlich des Bahnhofs sind sehr lebhaft; nicht nur in den Stoßzeiten morgens und spätnachmittags ist hier viel Betrieb, sondern den ganzen Tag (und auch die Nacht). Vor allem junge Leute treffen sich an Shibuya Station.

1 Shibuya Station (Myth of Tomorrow)

In der Bahnhofshalle vor der Keio-Inokashira-Linie innerhalb des großen Bahnhofs Shibuya ist das 30 m lange und 5 m hohe Bild »Asu no shinwa« des surrealistischen Künstlers Taro Okamoto (vgl. auch die Ergänzung zur Tour 7 und Tour 32 nach Kawasaki). Taro Okamoto (1911–1996) wird als der »Salvador Dali Japans« verstanden; sein künstlerischer Schwerpunkt war abstrakte und surrealistische Kunst in Bildern und vor allem Gegenständen. In Paris konnte er von 1930-1940 die moderne europäische Kunst kennen lernen, von

Beginn:
- Shibuya Station (JY20 Yamanote, F16 Fukutoshin, Z01 Hanzomon, G01 Ginza)

Zwischen 3 und 4:
- Keio-Inokashira (zwei Stationen)

Ende:
- Shibuya Station

Seite 74:
- Shibuya Station, Taro Okamoto, Myth of Tomorrow (Ausschnitt)
- Shibuya Scramble Crossing

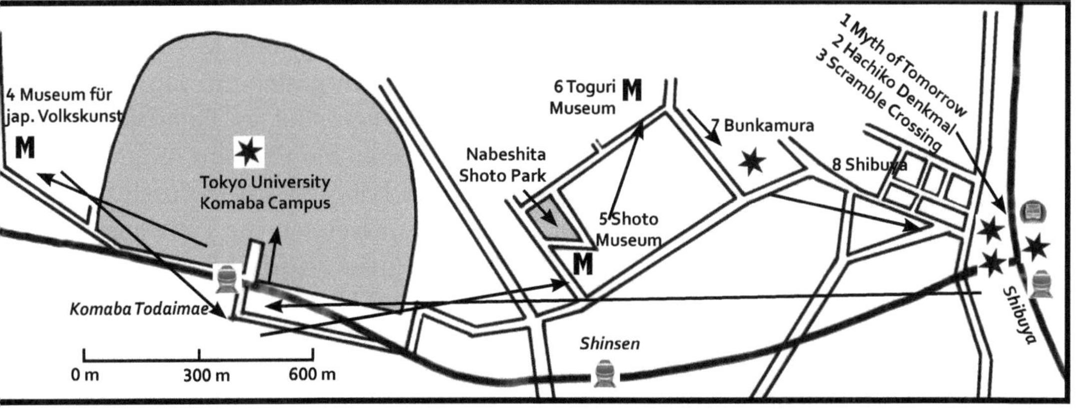

Shibuya Station, Taro Okamoto, Myth of Tomorrow

der sein Schaffen stark beeinflusst wurde. Seine bekanntesten Werke sind »Myth of Tomorrow« im Bahnhof Shibuya und der »Tower of Sun« (heute in Kawasaki), der für die Weltausstellung 1970 im japanischen Osaka geschaffen wurde. In Myth of Tomorrow greift Taro die nuklearen Katastrophen von Hiroshima und Nagasaki 1945 auf (brennendes Skelett in der Mitte, siehe Seite 74), doch spricht sein Bild trotzdem von Hoffnung, denn gegen den atomaren Wahnsinn tanzen die Menschen an. Das Bild war ursprünglich für ein Hotel in Mexiko gedacht, doch seit 2008 ist es hier.

2 Hachiko-Denkmal

Hachiko, ein japanischer Akita-Hund (1923-1935), holte seinen Herrn, den Professor Hidesaburo Ueno, jeden Tag vom Bahnhof Shibuya ab. Als dieser 1925 plötzlich in der Universität verstarb und nicht mehr zurückkam, kam Hachiko dennoch über zehn Jahre lang jeden Tag zur Westseite des Shibuya-Bahnhofs und wartete dort auf seinen Herrn – so wurde er zum Symbol des treuen Hundes und wird mit einer Bronzestatue verehrt.

3 Scramble Crossing – Alle gehen gleichzeitig

Shibuya ist einer der 23 Bezirke Tokyos mit 240.000 Einwohnern und sehr hoher Bevölkerungsdichte. Den Bahnhof Shibuya Station erreichen verschiedene Zug- und Metrolinien mit etwa 1,7 Millionen Fahrgästen pro Tag. Entsprechend viele Menschen sind im Bahnhofsgebiet unterwegs. Die Scramble Crossing unmittelbar nordwestlich des Bahnhofs ist dadurch besonders, dass es Ampelphasen für Fußgänger aus allen Richtungen gleichzeitig gibt – dann passieren pro Phase bis zu 15.000 Menschen die Kreuzung (Foto Seite 74). Von der Halle der Keio-Inokashira-Linie (die nach Westen führt, s.u.) kann

vor Shibuya Station, Hachiko Denkmal

man gut auf die Kreuzung blicken, natürlich auch von den umliegenden Kaufhäusern und Gaststätten. Ein solches Scramble Crossing (alle durcheinander) ist ungewöhnlich, aber äußerst effektiv.

4 Museum für Japanische Volkskunst (Mingeikan)

Fährt man mit der Keio-Inokashira-Linie zwei Stationen nach Westen bis Komaba Todaimae, gelangt man durch den Nordausgang des Bahnhofs zum weiten Campus der **Tokyo Universität** (Tokyo Daigaku), Campus Komaba. Die 1877 von der Meiji-Regierung gegründete Universität hat heute fünf Standorte mit 28.000 Studenten. In Komaba werden vor allem Erziehungswissenschaften gelehrt.

500 m weiter westlich liegt das Museum für Japanische Volkskunst. Der japanische Philosoph Soetsu Yanagi (1889-1961) gründete 1936 dieses Museum, in dem keine permanente Ausstellung vorhanden ist, sondern jährlich mehrere Sonderausstellungen einzelne Aspekte japanischer Volkskunst darstellen: Keramik, Stoffgestaltung, Steinmetzarbeiten, Lackarbeiten und anderes mehr. Das kleine, zweistöckige Museum kann dabei auf mehr als 17.000 eigene Kunsthandwerksarbeiten zurückgreifen, die aus der gesamten japanischen Geschichte stammen. Das traditionell gestaltete Gebäude des Museums wurde 1880 begonnen und 1935 fertiggestellt.

5 Shoto Museum of Art

Zuerst zurück zum Bahnhof, dann weiter nach Osten (1,5 km gesamt) liegt das Shoto Museum. Das 1981 eröffnete Museum im Viertel Sho-

- Tokyo Universität Campus Komaba
- Museum für Japanische Volkskunst
- Shoto Museum of Art

to (Ward Shibuya) zeigt sich architektonisch in einem modernen Design, welches die Räume um einen runden Innenhof ansiedelt. Die etwa vierteljährlich wechselnden Ausstellungen versuchen, moderne Kunst und Philosophie ins Gespräch zu bringen.

6 Toguri Museum

Unmittelbar nördlich des Shoto Museums liegt der kleine Nabeshita Shoto Park mit Teich und Kinderspielplatz. Nur 400 m weiter erreicht man das Toguri Museum of Art. Dies ist ein 1987 eröffnetes Keramikmuseum des Privatmanns Tohru Toguri. Er war mit dem starken westlichen Einfluss auf Japan nach dem Zweiten Weltkrieg unzufrieden und wollte die Traditionen Japans bewahren. Dabei konzentrierte er sich auf Keramik und Porzellan Ostasiens (japanisches Hizen-Porzellan vor der Edo-Zeit, dazu chinesische und koreanische Werke, insgesamt 7.000 Stück). In wechselnden Ausstellungen werden bestimmte Aspekte dieser Kunst hervorgehoben.

7 Bunkamura Zentrum

Auf dem Weg zurück nach Shibuya Station kommt man an einem großen Komplex vorbei, dem Bunkamura, einem 1989 eröffneten Kulturzentrum mit einem Theater, einem großen Konzertsaal (Orchard Hall mit 2.150 Plätzen), einem Kino und einem Museum. In die verschiedenen Einrichtungen des Bunkamura gehen jährlich drei Millionen Besucher.

8 Shibuya Straßen mit Lovehotels

Das Viertel westlich von Shibuya Station ist eine lebhafte Mischung aus Einkaufsmöglichkeiten und Restauration. Dazu fallen vor allem in den Nebengassen viele fantasievoll dekorierte Hotels auf: Love Hotels, die es hier konzentriert gibt. Love Hotels sind Stundenhotels, die aber weniger mit Prostitution zu tun haben, sondern damit, dass sich junge japanische Paare aus ihren engen Wohnungen (oft noch bei den Eltern) für Stunden in den Luxus dieser Häuser zurückziehen.

• Toguri Museum
• Love-Hotel
in Shibuya

Seite 79:
Shibuya
Bahnhofsviertel

ビックカメラ
お茶づけ海苔
OS
調剤
薬局
OS 調剤
免税
Tax Free
ASUS
GALLERIA
A
10:5

Ziele: 1 Hiei-jinja – 2 Hikawa-jinja – 3 Sogetsu Hall (Ikebana) – 4 Toyokawa Inari Tokyo Betsuin – 5 Benkai Brücke – 6 Japanischer Garten im Hotel New Otani – 7 Sophia Universität

Beginn:
• Akasaka-Mitsuke
  (M13 Marunouchi,
  G05 Ginza)
Ende:
• Yotsuya
  (M12 Marunouchi,
  N08 Nambuko)

Der Weg dieser Tour führt in das Gebiet westlich des Kaiserpalastes und des Regierungsviertels in die Stadtbezirke Choyoda und Minato. Am Anfang besucht man mit dem Hiei-jinja einen wichtigen und viel besuchten Schutzschrein für die Burg Edo. Nach einem weiteren, allerdings sehr ruhigen Schrein kommt man zu einer Ikebana-Ausstellung (Blumensteckkunst) und dann zu einem der interessantesten religiösen Orte Tokyos, eine bunte Mischung aus Buddhismus und Shinto, dem Toyokawa Inari Tokyo Betsuin. Der schöne Garten des New Otani Hotels lädt zum Verweilen ein, den Schluss bildet die Sophia-Universität der Jesuiten und die interessante Ignatius-Kirche.

1 Hiei-jinja

Der Hiei-jinja ist auf mehrere Weise mit der alten Kaiserstadt Kyoto verknüpft: Zum einen verweist der Name auf den heiligen Berg Kyotos, den Hiei-san (vgl. Kyoto entdecken, Seite 189ff.), der nördlich der Stadt liegt. Zum anderen gehört der

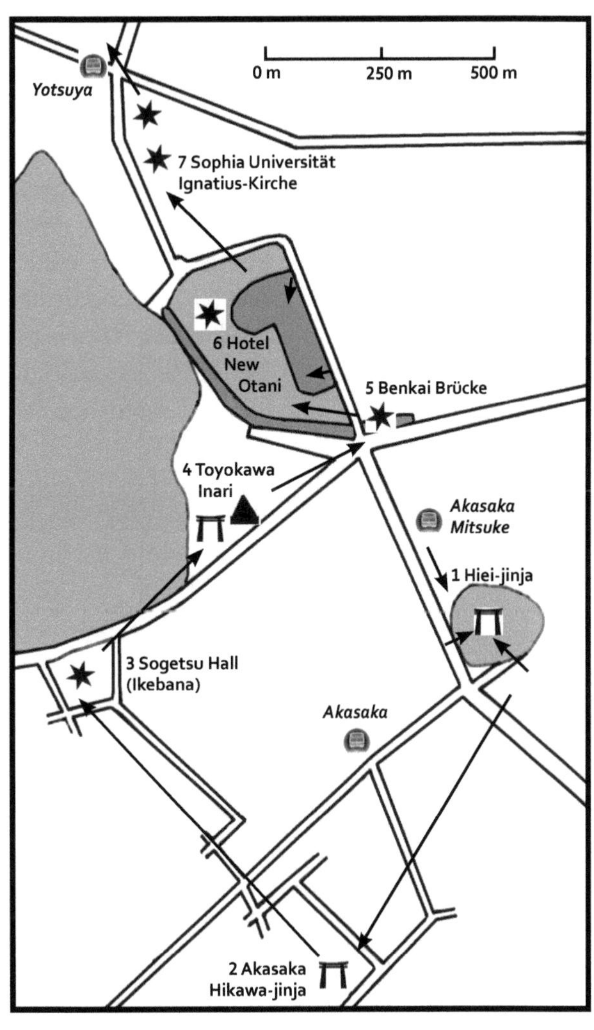

Seite 80:
• Hiei-jinja, Shinmen (Göttertor) vor Haiden
• Toyokawa Inari Tokyo Betsuin,
  Inari-Schrein mit Füchsen als Wächter

Tokyoer Schrein zur Gruppe der Hiyoshi-Taisha-Schreine, die ihr Zentrum in Otsu bei Kyoto haben (vgl. Kyoto entdecken, Seite 227ff.). In Tokyo wurde der Hiei-jinja im Jahr 1478 von Ota Dokan, dem Erbauer der Burg Edo, errichtet; er legte eine Reihe von Schutzschreinen im damals noch nicht dicht besiedelten Gebiet um die neu erbaute Burg an. Der Schrein liegt auf einem Hügel, man kann, wenn man von der Metro-Station Akasaka-Mitsuke kommt, mit einer Rolltreppe hochfahren (westlicher Zugang). Stilvoller ist natürlich das Besteigen der Treppe von Süden hoch zum Shinmon, dem Göttertor, hinter dem das Hauptgebäude des Schreins liegt. Wächterfiguren hier sind Affen, die auf der Rückseite des Shinmon zu sehen sind. Im Schreingelände gibt es eine Reihe von roten Torii und mit dem Sanno-Inari-jinja einen eigenen Inari Schrein (Reisgöttin, für Wohlstand zuständig). Hier beginnt die Sanno-Matsuri, die im Wechsel mit der Kanda-Matsuri (vgl. Seite 30-31 und Tour 18) alle zwei Jahre stattfindet.

2 Akasaka Hikawa-jinja

• Akasaka Hikawa-jinja
• Shimenawa (Seile) und Shide (Papier): Reisstrohseile und gezackte Papierstreifen gelten als Symbole der in den Schreinen verehrten Kami und sind überall zu finden.

Bereits 951 wurde der Schrein im Gebiet der nördlich von Tokyo liegenden Präfektur Saitama gegründet, 1730 aber auf Anordnung des 8. Shoguns, Yoshimune Tokugawa, hierhin verlegt; aus dieser Zeit stammt der Haiden. Neben dem Hauptschrein befinden sich fünf kleine Schreine, darunter einer für Inari, der Reis- und Erntegöttin, die heute auch für gute Geschäfte zuständig ist. Im Hauptschrein allerdings betet man für eine gute Ehe – drei bedeutende Kami, darunter Susanoo-no-mikoto, sorgen dafür.

3 Sogetsu Hall (Sogetsu Horu – Ikebana)

• Sogetsu Hall, Ikebana-Ausstellung

Die Eingangshalle der Sogetsu-Foundation (Gesellschaft der Sogetsu-Ikebana-Schule) zeichnet sich durch eine ständig wechselnde Ausstellung von Ikebana-Gestecken aus. Ikebana (Kado – Blumensteckkunst) verbindet die Schönheit der Natur mit dem Lebensraum der Menschen in einer gestalteten Harmonie, bei der die japanischen Prinzipien von »wabi-

sabi« (Einfachheit und schlichte Eleganz) zur Vollendung geführt werden. Dadurch soll der Mensch eingestimmt werden in eine innere Gemeinschaft mit allem Leben. Entwickelt wurde diese Kunst im Rokkakudo in Kyoto, dem ältesten Tempel im Land (587 durch Prinz Shotoku gegründet). Das Foto zeigt eine Ausstellung nur mit Reisstroh-Gestecken.

4 Toyokawa Inari Tokyo Betsuin

Diese religiöse Stätte im Viertel Akasaka ist ausgesprochen ungewöhnlich: Äußerst dicht gedrängt sind Gebäude und Statuen und dabei sind Shinto und Buddhismus untrennbar vermischt. Ursprünglich war dies ein buddhistischer Tempel der Soto-shu (Zen-Schule), in dem eine Gottheit Indiens und des Tantrayana (Himalaya-Buddhismus) verehrt wurde: Dakini – eine Himmelstänzerin und Dämonin, die auf einem weißen Fuchs reitet. Zu Beginn der Meiji-Zeit wurden Buddhismus und Shinto, bisher eigentlich unlösbar als japanische »Durcheinanderreligion« vermischt, zwangsweise getrennt. Durch den weißen Fuchs aber, der zugleich das Wächtertier der shintoistischen Göttin Inari ist, konnte hier die Mischung aus Buddhismus und Shinto beibehalten werden – Dakini wird zur Dakini-Shinten, zur shintoistischen Gottheit, und mit Inari gleichgesetzt. So finden sich im Tempel-Schrein mehrere Inari-Schreine, vor allem aber eine Unzahl von unterschiedlich gestalteten Kitsune (Füchse) als Wächtertiere. Ebenso aber ist direkt am Eingang ein schöner Kannon-Bodhisattva, als Mutter mit Kind dargestellt. Auch gibt es einen Jizo-Bodhisattva, dazu ebenso Statuen der sieben japanischen Glücksgötter, die im Shinto und Buddhismus verehrt werden (vgl. Tour 24).

5 Benkai Brücke

Die Burg Edo war von einem inneren Wassergraben (heute um Kaiserpalast und Östliche Kaisergärten, vgl. Tour 1 und 2) und von einem äußeren Wassergraben umgeben, von dem nur ein kleiner Teil südlich des Hotels New Otani

- Füchse als Wächtertiere in einem der Inari-Schreine im Toyokawa Inari Tokyo Betsuin.
  Schreine haben unterschiedliche Wächtertiere: Füchse, Sika-Hirsche, Affen, Raben, Stiere, Mäuse …
- Kannon mit Kind im Toyokawa Inari Tokyo Betsuin

- Benkai Brücke

Hotel New Otani,
Garden Court

noch zu sehen ist. In der Meiji-Zeit wurde hier 1889 über den nicht mehr nötigen Graben eine Brücke gebaut – die Benkai Brücke.

6 Japanischer Garten im Hotel New Otani

Das Otani Hotel wurde 1964 zur Olympiade als Luxushotel errichtet, 2007 wurde der New Otani Garden Tower als Ergänzung gebaut. Das von Yonetaro Otani (1881-1968) erbaute Hotel zeichnet sich durch einen wunderschönen japanischen Garten aus, der über die Eingangshalle für jedermann zugänglich ist (darin ist der Zugang ein wenig versteckt).

7 Sophia Universität

1913 wurde die Hochschule Sophia (griechisch: Weisheit) durch deutsche Jesuitenpatres gegründet, 1928 staatlich anerkannt. Heute gibt es neben dem Yotsuya-Campus (hier dargestellt) drei weitere Standorte der Hochschule mit insgesamt 1.500 Dozenten und 12.000 Studenten, die sowohl in Japanisch wie in Englisch unterrichtet werden. Gelehrt werden: Theologie (im Shakuji-Campus), Philosophie, Fremdsprachen (besonders Deutsch), Jura, Kulturwissenschaften und teilweise auch Wirtschaft, Naturwissenschaft und Technik.

Unmittelbar nebenan liegt die **St. Ignatius Kirche**. Ignatius von Loyola (1491-1556) war der wichtigste von sieben Gründern des Jesuitenordens, der 1540 als Societas Jesu (Gesellschaft Jesu, SJ) offiziell anerkannt wurde. Der Orden wurde neben Bemühungen um die Gegenreformation in Europa schon früh durch seine missionarische Zielsetzung bekannt. Franz Xaver (Francisco de Xavier, 1506-1552) wurde der bekannteste Missionar in Süd- und Ostasien – 1549 erreichte er auch Japan. Sein Wunsch, dort auch eine christliche Universität zu gründen, ging erst 1913 in Erfüllung. 1936 wurde neben der Sophia Universität eine Pfarrkirche, St. Teresa, errichtet, die im Zweiten Weltkrieg zerstört wurde. Von 1947-1949 entstand ein Ersatzbau, der 1992-1999 durch einen moderneren Bau ersetzt wurde; diese Kirchen wurden nun nach dem heiligen Ignatius benannt. Zwölf Säulen, die das Dach tragen, erinnern an die zwölf Apostel, es gibt auch eine Krypta mit einem Kolumbarium.

上智大学

Shimbashi – Shiodome (Tour 10)

Ziele: **1 Shimbashi Station (alt und neu) – 2 Shiodome City Center – 3 Panasonic Shiodome Museum – 4 Caretta Shiodome – 5 Hamari-kyu Park – 6 Shibarikyu Park – 7 Hamamatsucho Station**

Beginn:
• Shimbashi
  (JY29 Yamanote,
  A10 Asakusa,
  G08 Ginza)
Ende:
• Hamamatsucho
  (JY28 Yamanote)

Dieser Weg lebt vom Kontrast: Zum einen ist es die Hochhausgruppe Shimbashi-Shiodome, die beeindruckt, das Rouault Museum im Panasonic Tower ist eine kleine Zugabe zu der mutigen Architektur. Zum anderen sind es zwei – in sich wieder sehr unterschiedliche – Garten- bzw. Parkanlagen, von denen die eine viel zur japanischen Geschichte erzählt, die andere einen typischen Wandel- bzw. Landschaftsgarten darstellt. Die Wege dieser Tour sind nicht sehr weit, wohl aber müssen einige Schnellstraßen überwunden werden (teilweise über Fußgängerbrücken). Es gibt in Tokyo mehrere Hochhauszentren: Shinjuku, Shibuya, Marunouchi ... Auch das Gebiet um die Bahnhöfe Shimbashi, Shiodome und Hamamatsucho ist von riesigen Wolkenkratzern geprägt. Doch gibt in diesem Stadtviertel hier eine interessante Mischung aus Hochhäusern und schön

Seite 86:
Caretta Shiodome Tower

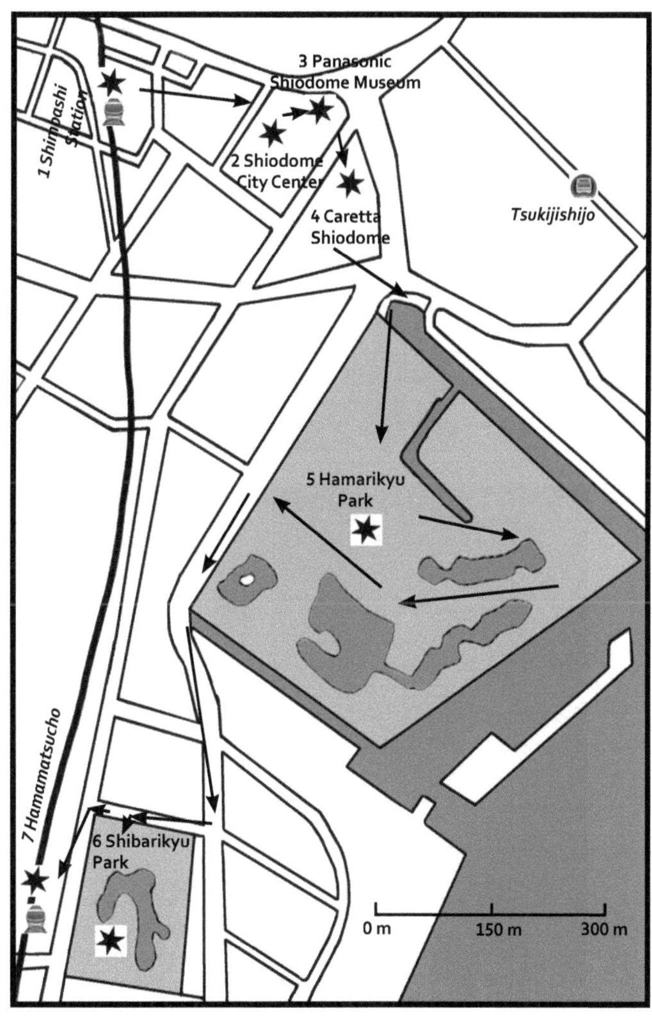

gestalteten Garten- bzw. Parkanlagen. Shimbashi und Shiodome gehören zum Ku (Stadtbezirk) Minato mit 260.000 Einwohnern.

1 Shimbashi Station (alt und neu)

Der alte Bahnhof Shimbashi (unmittelbar vor dem Panasonic Tower) ist der älteste Bahnhof Japans, errichtet 1872 im westlichen Baustil. Von hier aus führte die erste Eisenbahnlinie nach Yokohama (vgl. Tour 33). Der heutige Bahnhof Shimbashi liegt ein wenig westlicher, ist aber weiterhin ein zentraler Bahnhof innerhalb des Nahverkehrs in Tokyo. Er wird von zwei wichtigen Metrolinien, von der Yamanote S-Bahn und von weiteren Zuglinien angefahren. Von ihm aus sind die Ziele dieser Tagestour gut zu Fuß zu erreichen.

2 Shiodome City Center

2003 erbaut, ist das 216 m hohe Shiodome City Center mit 43 Geschossen Sitz der japanischen Fluggesellschaft ANA (All Nippon Airways) und ihrer Tochtergesellschaften. Auch die großen Konzerne Fujitsu und Mitsui haben hier ihr Verwaltungszentrum.

3 Panasonic Shiodome Museum

Im Panasonic Tokyo Shiodome Building, dem Tokyoer Sitz des 1918 gegründeten Elektronikkonzerns (Hauptsitz in der Präfektur Osaka), wurde 2003 das Panasonic Shiodome Museum of Art gegründet, das eine Sammlung von 240 Bildern des französischen Malers Georges Rouault (1871-1958) zeigt, der in Japan sehr beliebt ist und von dem auch in anderen Museen Werke zu finden sind. Das über Rolltreppen erreichbare Museum liegt im 4. Obergeschoss.

- Alte Shimbashi Station
- Shiodome City Center
- Panasonic Tokyo Shiodome Building
  mit Panasonic Museum of Art

4 Caretta Shiodome

Der Caretta Shiodome Tower (Foto Seite 86), 216 m hoch mit 51 Geschossen, wurde vom französischen Architekten Jean Nouvel (*1945) erbaut. Der Turm ist die Zentrale von Dentsu, der größten Werbeagentur der Welt. Im Hochhaus befindet sich u.a. das Advertising Museum, ein Theater mit 1.200 Plätzen und mehrere Shopping- und Restaurant-Etagen. Im 46. und 47. Geschoss des Caretta Towers gibt es in mehrere Richtungen Aussichtspunkte mit einem guten Blick auf die Stadt. Der Zugang zum Fahrstuhl in diese beiden Etagen liegt in B1. Das Ad Museum (Werbemuseum) liegt in B 2 und ist durch einen offenen Hof zu erreichen. Dieses Museum zeigt die Geschichte der japanischen Werbung und Formen und Möglichkeiten der Werbung in der Zukunft.

5 Hamarikyu Park

(Kaiserlicher Garten der Hama-Residenz) Das am Meer gelegene Gelände war ursprünglich ein Jagdgebiet für Wasservögel. 1654 wurde das Gebiet von einem Mitglied der Tokugawa-Familie durch einen Kanal abgetrennt und als Park hergerichtet. Doch diente das Gelände dem Adel weiterhin als Jagdgebiet für Wildenten. Erst seit 1945 ist der Park für die Öffentlichkeit zugänglich und wird gerne genutzt. Er zeichnet sich durch viele große und teilweise bis zu 300 Jahre alte Bäume aus und hat so in Teilen einen ganz anderen Charakter als sonstige japanische Gärten (wie etwa auch der Shibarikyu Park, s.u.) – mehr Wald als Garten. Im Hamarikyu gibt

• Shidome Hochhäuser vom Caretta aus
• Otemon (Tor) des Hamarikyu Parks
• Hamarikyu Park und Hochhäuser

• Komoba-Kanal im Hamarikyu Park
• Shoben Kozo
in Hamamatsucho Station

es noch eine Besonderheit: Die Teiche und Kanäle sind durch zwei Schleusen mit dem offenen Meer verbunden, führen also Salzwasser. Das war von Vorteil für die Kamoba genannte Entenjagd. Dabei setzte man ein gezähmtes Entenpärchen in den Teich, das dressiert war, beim Klang von Holzstäben in einen Kanal zu schwimmen, um Futter zu bekommen. Die Wildenten sahen nun dieses Entenpaar, ließen sich ebenfalls im Teich nieder und folgten auch den Lockvögeln in den Kanal. Dort aber warteten die Jäger mit Fangnetzen oder Falken.

6 Shibarikyu Park

Der von Hochhäusern des Viertels um den Hamamatsucho-Bahnhof umgebene Wandel- und Landschaftsgarten ist eine Perle in der Stadtlandschaft von Tokyo. 1678 wurde er vom Kanzler des Edo-Shoguns angelegt. Jeder Stein und jede Pflanze ist sehr bewusst gesetzt, um eine übergreifende Harmonie zu gewinnen; bei jedem Schritt gibt es einen neuen Blick – ein typischer Wandelgarten. Zudem werden verschiedene Landschaften in China (Westsee) und Japan (Inseln) zitiert – ein Landschaftsgarten, der an die Ferne erinnert.

7 Hamamatsucho Station

Hamamatsucho Station ist eine wichtige Station der Yamanote Ringbahn, denn von hier aus führt die Monorailbahn bis zum Flughafen Haneda. Doch in diesem Bahnhof gibt es ein kurioses Detail: Am Südende von Gleis 3/4 der Hamamatsucho Station steht ein pinkelnder Novizenjunge (Shoben Kozo). Anders als beim nackten Manneken Pis in Brüssel wird ihm allerdings monatlich von Bewohnern des Viertels andere Kleidung angezogen.

Seite 91: Hamarikyu Park

Azubudai – Shiba   (Tour 11)

***Ziele:** 1 Atago-jinja – 2 Nishikubo Hachiman-jinja – 3 Reiyukai Shakaden – 4 Tokyo Tower – 5 Zojo-ji – 6 World Trade Center*

Beginn:
• Toranomon Hills
  (H06 Hibiya)
oder
• Kamiyacho
  (H05 Hibiya)
Ende:
• Hamamatsucho
  (JY28 Yamanote)

Tour 11 hat zwei Highlights: den Fernsehturm Tokyo Tower und die große Tempelanlage des Zojo-ji. Aber auch einige andere interessante Dinge rahmen dieses Programm: zwei Shintoschreine, eine ganz eigenartige buddhistische Gesellschaft und schließlich die beiden neuen Hochhäuser des World Trade Center (das zweite noch im Bau) unmittelbar am Hamamatsucho Bahnhof. Bei ausreichend Zeit kann man im World Trade Center shoppen oder man erholt sich im Prinz Shiba Park.

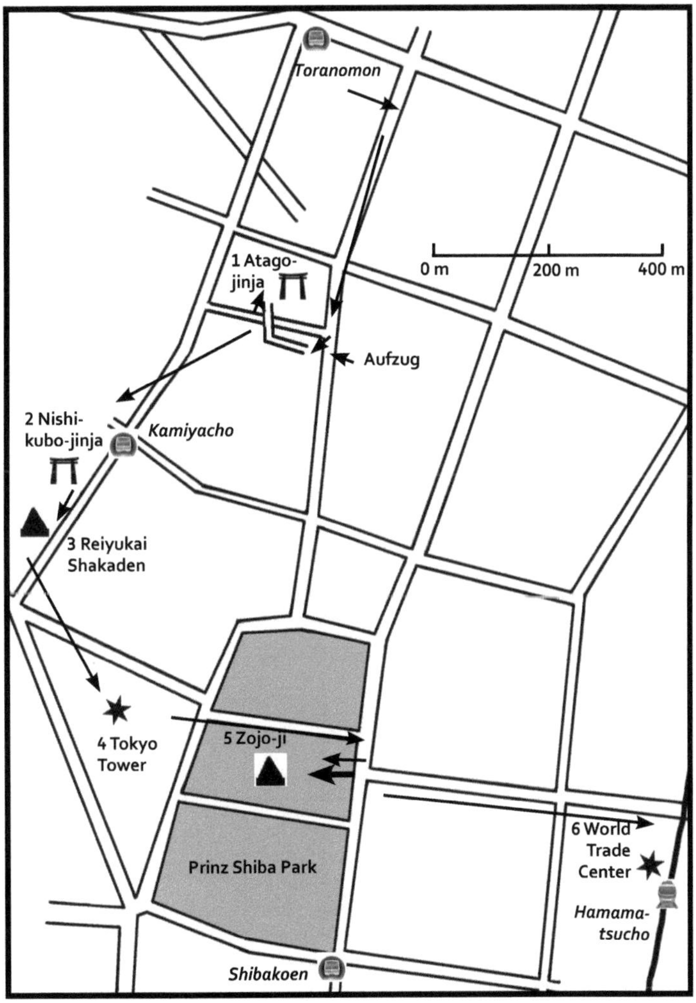

1 Atago-jinja

Etwa 1 km nördlich vom Zojo-ji liegt auf einem Hügel (28 m über NN) der Atago-jinja. Sein Eingang ist durch umliegende Bauten etwas versteckt, es gibt aber einen Aufzug, der auf das Plateau des Atago führt. Orientieren kann man sich auch am NHK Museum of Broadcasting, dessen Treppe

Seite 92:
Tokyo Tower

von der Straße aus auch zum Atago führt. Der Schrein wurde 1603 erstmalig errichtet, als Tokugawa Ieyasu das Edo-Shogunat gründete. Nach mehreren Zerstörungen durch Feuer und Krieg stammen die heutigen Gebäude aus dem Jahr 1958. Früher hatte man vom Schrein aus einen Blick auf ganz Tokyo, heute versperren Bürohochhäuser die Sicht. Der Schrein ist dem Feuergott Homusubi no Mikoto gewidmet, der Kami sollte die Stadt beschützen – doch dies trat nicht ein.

2 Nishikubo Hachiman-jinja

Dies ist einer der acht Hachiman (Kriegsgott) Schreine im alten Edo, schon gegründet zu Beginn des 11. Jahrhunderts, immer wieder durch Krieg und Feuer zerstört und neu aufgebaut. Der heutige Bau im Schatten der neuen Azubu-dai-Hills Hochhäuser stammt von 1954 (Foto Seite 95).

3 Reiyukai Shakaden

Die »Gesellschaft der Freunde der Geister« ist eine 1925 gegründete Laiengemeinschaft – eine eigenartige Mischung aus Buddhismus und Shinto. An dieser Stelle ist die Zentrale, ein eigenartiger Bau, den man auch gut vom Tokyo Tower sehen kann. In die obere Halle für bis zu 3.500 Personen kann man hineingehen, dort ist ein »Altar«. Die untere Kotani-Halle für 1.000 Personen wird nur zu Veranstaltungen geöffnet. Dazwischen liegt eine offene Halle, die für Kommunikation, Information, Gespräch und Erholung genutzt wird.

4 Tokyo Tower

Der Fernsehturm wurde 1958 nach dem Vorbild des Pariser Eiffelturms erbaut, allerdings mit 333 m drei Meter höher als der Pariser Turm. In 150 m und in 250 m sind Aussichtsplattformen, die einen guten Rundumblick über Tokyo er-

möglichen, weil der Turm zentral etwa in der Mitte der Stadt liegt. (Der Skytree, mit 634 m fast doppelt so hoch, liegt am Ostrand der Stadt mit einer anderen Perspektive, vgl. Tour 22, ebenfalls der TGM im Westen, vgl. Tour 4) Der Tokyo Tower ist filigraner gearbeitet als der Turm in Paris, nur etwa die Hälfte des Stahls wurde verbraucht.

5 Zojo-ji

Der Tempel Zojo-ji wurde 1393 an andere Stelle in Ost-Japan gegründet. Er gehört der Jodo-shu an, die den Namen des Buddha Amida durch ständige Anrufung verehrt (»Namu Amida Butsu«). Der erste Tokugawa-Shogun, Tokugawa-Ieyasu, verlegte den Tempel 1598 an die heutige Stelle und machte ihn zum Familientempel der Tokugawa Familie. Deshalb sind heute noch auf dem hinteren Tempelgelände das Mausoleum und die Grabstellen der Tokugawas und deshalb besaß der Tempel im 17. Jahrhundert ein Gelände von 82 Hektar – bis zu 3.000 Mönche und Novizen lebten hier. Die im Zweiten Weltkrieg weithin zerstörten Gebäude des Tempels sind heute wieder in ihrem Originalzustand aufgebaut.

6 World Trade Center

Bereits 1970 war neben dem Bahnhof ein 168 m hoher (40 + 3 Geschosse) Turm für das World Trade Center gebaut worden, doch dieser wurde 2021 in einer Aufsehen erregenden Aktion vollständig zurückgebaut, weil in diesem Areal eine Gruppe neuer Hochhäuser im Auftrag der Nippon Life Insurance Company errichtet werden soll. Ein Turm ist bereits fertig, ein zweiter in Bau, weitere werden folgen. Im ersten Hochhaus sind in den unteren Etagen gute Einkaufsmöglichkeiten; der Bahnhof Hamamatsucho ist unmittelbar angeschlossen.

World Trade Center, Blick vom Shibarikyu Park (Tour 10)

MORI

Roppongi – Akasaka (Tour 12)

Ziele: **1 Roppongi Hills – 2 Mori Tower mit Art Museum und Tokyo City View – 3 National Art Center Tokyo – 4 Tenso-jinja – 5 Tokyo Midtown – 6 21_21 Design Sight – 7 Nogi-jinja**

Beginn:
• Roppongi (E23 Oedo, H04 Hibiya)
Ende:
• Nogizaka (C05 Chiyoda)

Vier architektonische Highlights prägen diese Tour: Mori Tower, National Art Center, Midtown, 21_21 Design Sight. Vor allem der Nogi-jinja ist dazu ein guter Kontrast, gleich wie man zu einem als Kami verehrten General steht. Das Stadtviertel Roppongi (sechs Bäume) entwickelte sich parallel zum japanischen Wirtschaftsaufstieg ab den 1960er Jahren zu einem Unterhaltungsviertel der Aufsteiger, der Neureichen und auch der Ausländer, die in den guten Hotels dieses Viertels unterkamen. Seit etwa 2000 aber veränderte sich das Viertel vor allem durch die riesigen Komplexe Roppongi Hills und Midtown zu einem der von Konzernzentralen und IT-Firmen (Mori-Tower) bestimmten Hochhausviertel mit bester Infrastruktur. Mehrere herausragende Museen (vor allem Mori und NACT) prägen diese Gegend.

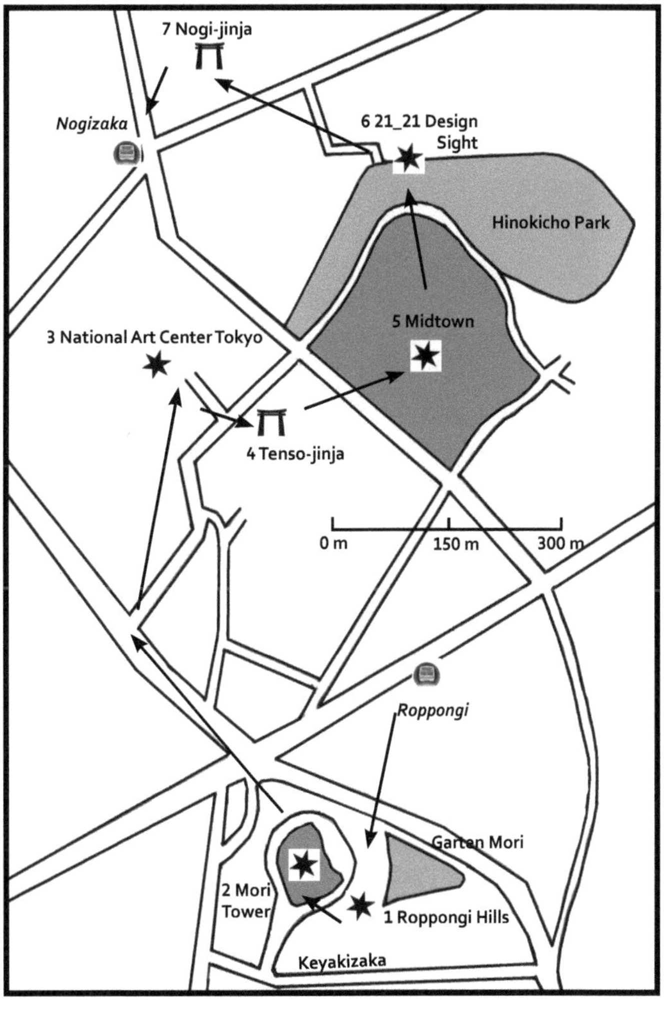

Seite 98:
Mori Tower, Roppongi, von Tokyo Tower aus

1 Roppongi Hills

Eines der beeindruckendsten Gebäude der Stadt und zudem von vielen Stellen gut zu sehen ist der Mori Tower im Gebäudekomplex Roppongi Hills. Der zwischen 2000 und 2003 vom Imobilienunternehmer Minoru Mori (1934-2012) erbaute Komplex Roppongi Hills besteht aus dem Mori Tower, verschiedenen anderen Gebäuden (etwa TV Asahi oder dem Grand Hyatt Hotel), einer Luxus-Einkaufsstraße (Keyakizaka-dori), einer Fülle von Geschäften und Restaurants in gehobener Preisklasse und vier Wohntürmen mit Eigentumswohnungen – alles unmittelbar neben Roppongi Station. Eigentümer ist Mori Building, Japans größtes privates Imobilienunternehmen.

Im Komplex von Roppongi Hills gibt es einen kleinen japanischen Garten und zudem Kunst am Bau. Das größte Werk ist eines der vielen Exemplare der Spinne Maman (9m x 9m x 10m). Das 1999 von der französisch-amerikanischen Bildhauerin Louise Bourgeois (1911-2010) geschaffene Werk, dessen Original in London ist, Bronzeabgüsse aber in vielen Städten, erinnert an die Kindheit der Künstlerin: Ihre Mutter war Teppichweberin; die ein Netz webende Spinne ist für Bourgeois ein Symbol der Geborgenheit.

2 Mori Tower mit Art Museum und Tokyo City View

Im 238 m hohe Mori Tower (Foto Seite 98) mit 54 Geschossen sind in den unteren sechs Etagen Restaurants und Geschäfte, in Geschoss 52 ist der verglaste Tokyo City View, in Geschoss 53 das Mori Art Museum, in Geschoss 54, dem

Sky Deck, eine Aussichtsplattform (nur bei guten Wetter geöffnet). Dazwischen sind Büros von IT-Firmen – der Mori Tower ist das digitale Zentrum von Tokyo.

3 National Art Center Tokyo
NACT – Kokuritsu Shin-Bijutsukan

Der 2005 fertiggestellte Bau ist geprägt von zwei Bauteilen: Das eigentliche Museum besteht aus drei kastenförmigen Hallen, die innen in fünf Bereiche aufgeteilt sind. Diese gewaltigen Hallen sind von außen nicht sichtbar, weil der Architekt Kisho Kurokawa (1934-2007) davor eine riesige gewellte Glasfassade gesetzt hat: Kurokawa will durch sein Wirken menschliche Bauweise (die rechteckigen Hallen) mit der Natur (Wellen) verbinden. So soll eine innere Harmonie zwischen Natur und Kultur entstehen – ein Programm für das große Museum. Insgesamt stehen 14.000 m² Ausstellungsfläche zur Verfügung, dazu kommen im Foyer hinter der Glasfassade Café und andere Einrichtungen. Das Museum hat keine eigene Sammlung, sondern gestaltet Sonderausstellungen mit bester Kunst aus aller Welt.

4 Tenso-jinja

Auf dem Weg vom NACT zum Midtown liegt rechts ein kleiner, hinter Bürogebäuden versteckter Schrein. Er ist verknüpft mit dem zentralen Ise-Schrein in der Präfektur Mie. (Nicht verwechseln mit anderen Tenso-Schreinen in Tokyo und Umgebung, etwa in Otsuka.)

5 Tokyo Midtown

Der im Stadtviertel Akasaka aus sechs verschiedenen Bauteilen zwischen 2004 und 2007 errichtete Komplex Tokyo

Blick vom Mori Tower:
- nach Süden zu Azubudai Hills und Tokyo Tower
- nach Nordwesten zum National Stadion und zum Shinkuku Gyoen, rechts Meiji Gedächtnishalle
- nach Westen nach Shinjuku links das TGM, rechts Cocoon

Midtown des Mitsui Konzerns mischt wie vergleichbare Komplexe (vgl. Roppongi Hills) Büros, Hotel, Geschäfte, Museum, Restaurants und andere Erholungseinrichtungen rund um eine überdachte Plaza. Der Tower ist mit 248 m und 54 Geschossen nach den beiden Fernsehtürmen einer der höchsten Türme in der Metropole. Auf nur sieben Hektar sind 569.000 m² Nutzfläche untergebracht; die Baukosten betrugen etwa drei Milliarden Dollar.

6 21_21 Design Sight

Der ungewöhnliche, zum größten Teil unterirdische Bau des Stararchitekten Tadao Ando (*1941)und des Modedesigners Issey Miyake (1938-2022) möchte das Design von Alltagsgegenständen präsentieren und mit einer Vision des 21. Jahrhunderts verbinden (21_21). Das Gebäude liegt unmittelbar hinter den Hochhaustürmen von Tokyo Midtown im Hinokicho Park und stellt einen interessanten Kontrast zur teilweise kastenförmigen Hochhausarchitektur des Gesamtkomplexes dar. Das Stahldach birgt auf 1.700 m² drei unterirdische Ausstellungsräume, dazu weitere Räume für Café, Shop und Begegnung.

7 Nogi-jinja

Nogi Maresuke (1849-1912) war Offizier in der kaiserlichen Armee und erklomm die Karriereleiter bis zum General. Er nahm am ersten japanisch-chinesischen Krieg (1894-1895) teil und wurde danach japanischer

Gouverneur des durch den Krieg an Japan gefallenen Taiwan. Während des russisch-japanischen Krieges (1904-1905) war er weniger erfolgreich. Ihm wurde zwar die Einnahme von
Port Arthur zugeschrieben, doch mit sehr hohen Verlusten. Deshalb wurde er innerhalb des
Militärs stark kritisiert, sodass er sich zurück-
zog. Als der Meiji-Kaiser 1912 starb, beging
Nogi Maresuke zusammen mit seiner Frau
rituellen Selbstmord – traditionelle Vasallen-
treue nach japanischer Art. Das Ehepaar Nogi
ist auf dem in der Nähe des Schreins gelegenen
Aoyama Friedhof begraben. Der Nogi Schrein
wurde 1923 neben der ehemaligen Residenz
des Generals (kann auch besichtigt werden)
errichtet, im Zweiten Weltkrieg zerstört, aber
1962 wieder aufgebaut. Der Nogi-jinja ist der
Mutterschrein für viele Schreine in Japan, die
den General als Kami verehren.

Seite 102: Midtown Tower

• 21_21 Design Sight
• Szene im Nogi-Schrein

上野恩賜公園案内図
Park Map
文京区
Bunkyo City
台東区
Taito City
恩賜上野動物園(西園)
Ueno Zoo (West)
恩賜上野動物園(東園)
Ueno Zoo (East)
池之端
Ikenohata
芸大美術館
The University Art Museum
奏楽堂
Sogakudo Concert Hall
旧東京音楽学校奏楽堂
Sogakudo at the former Tokyo Music School
東京都美術館
Tokyo Metropolitan Art Museum
国際子ども図書館
International Library of Children's Literature
東京国立博物館
Tokyo Nat'l Museum
上野桜木
Ueno-sakuragi
鴬谷駅
Uguisudani Station
旧岩崎邸庭園
Kyu-Iwasaki-tei Gardens
野外ステージ
Amphitheater
京成上野駅
Keisei Ueno Station
東京文化会館
Tokyo Bunka Kaikan (Performing Arts Theater)
現在地
You are Here
国立西洋美術館
The Nat'l Museum of Western Art
国立科学博物館
Nat'l Museum of Nature and Science
上野駅
Ueno
下町風俗資料館
Shitamachi Museum
上野の森美術館
The Ueno Royal Museum
都営大江戸線上野御徒町駅
Toei-line Ueno-okachimachi Station
銀座線上野広小路駅
Ginza-line Ueno-hirokoji Station
銀座線上野駅
Ginza-line Ueno Station
JR 上野駅
Ueno Station
JR 御徒町駅
Okachimachi Station
日比谷線上野駅
Hibiya-line Ueno Station
東上野
Higashi-Ueno
北上野
Kita-Ueno
下谷
Shitaya
池之端
Ikenohata
本郷
Hongo
谷中
Yanaka

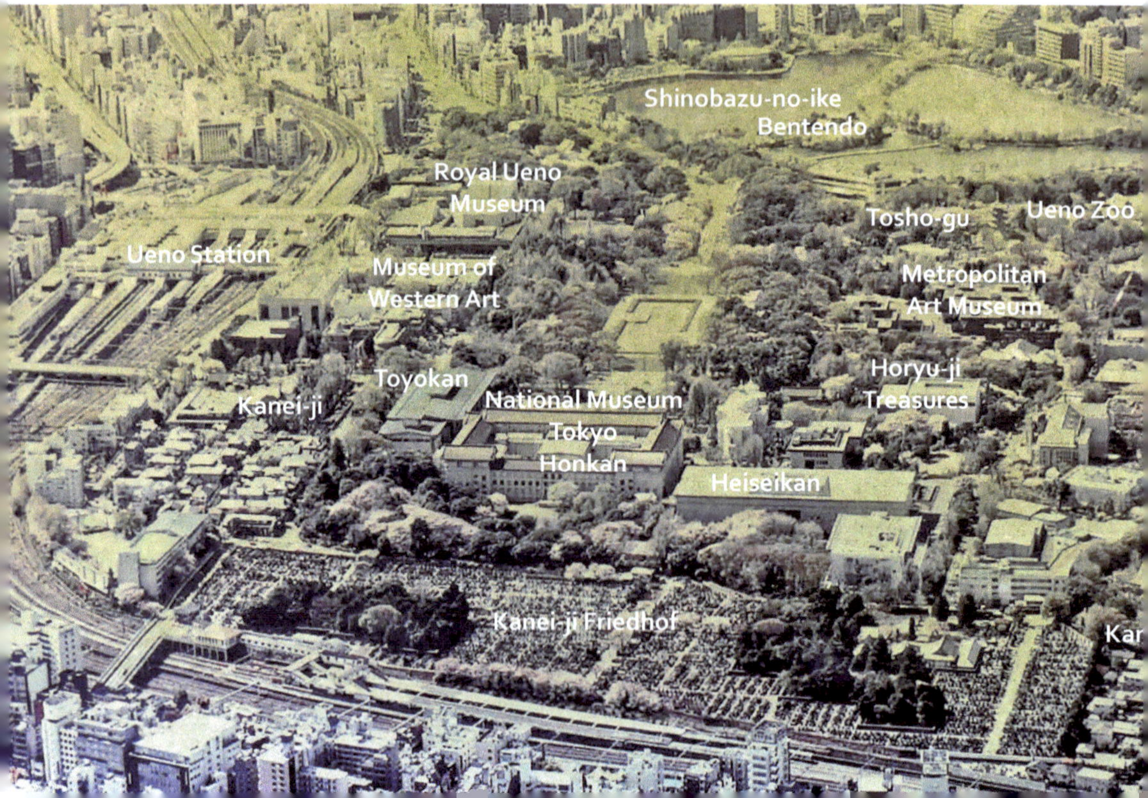

Shinobazu-no-ike
Bentendo
Royal Ueno Museum
Tosho-gu
Ueno Zoo
Ueno Station
Museum of Western Art
Metropolitan Art Museum
Toyokan
Horyu-ji Treasures
Kanei-ji
National Museum Tokyo Honkan
Heiseikan
Kanei-ji Friedhof
Kar

Ziele: 1 Ueno Station – 2 Ueno Park mit Big Fountain – 3 National-museum Tokyo mit Honkan, Heiseikan, Toyokan, Gallery of Horyu-ji Treasures

Der Ueno Park und seine unmittelbare Umgebung zusammen mit Yanaka im Norden besitzt so viele Sehenswürdigkeiten, dass hier vier Tagestouren vorgeschlagen werden. Dabei geht es zum einen um die wohl bedeutendsten Museen der Stadt, zum anderen aber um alte Geschichte (Kanei-ji, Tosho-gu), um eine Unzahl buddhistischer Tempel vor allem in Yanaka und natürlich im Park um Erholung und Entspannung. Der Zoo ist nicht allzu groß, gibt aber durchaus interessante Einblicke in die Tierwelt aller Kontinente.

1 Ueno Station

Ueno mit dem großen Bahnhof im Zentrum ist ein Stadtviertel im Stadtbezirk Taito (210.000 Einwohner), zu dem auch das nordöstlich gelegene Viertel Asakusa (Tour 21) gehört. Die Yamanote Ringbahn erreicht den Bahnhof, ebenso zwei Metrolinien. Tokyo Station hat 21 Eisenbahngleise, auch der Shinkansen führt diesen Bahnhof an. Viele Vorortzüge in den Norden und Nordosten gehen von diesem Bahnhof aus. Den Bahnhof kann man im dritten Obergeschoss auf der sogenannten Panda-Brücke von Ost nach West (Park, Zoo ...) durchqueren.

Beginn:
• Ueno
  (JY05 Yamanote,
  G16 Ginza,
  H18 Hibiya)
Ende:
• Ueno

Seite 104:
• Plan Ueno Park
• altes Luftbild
  Ueno Park

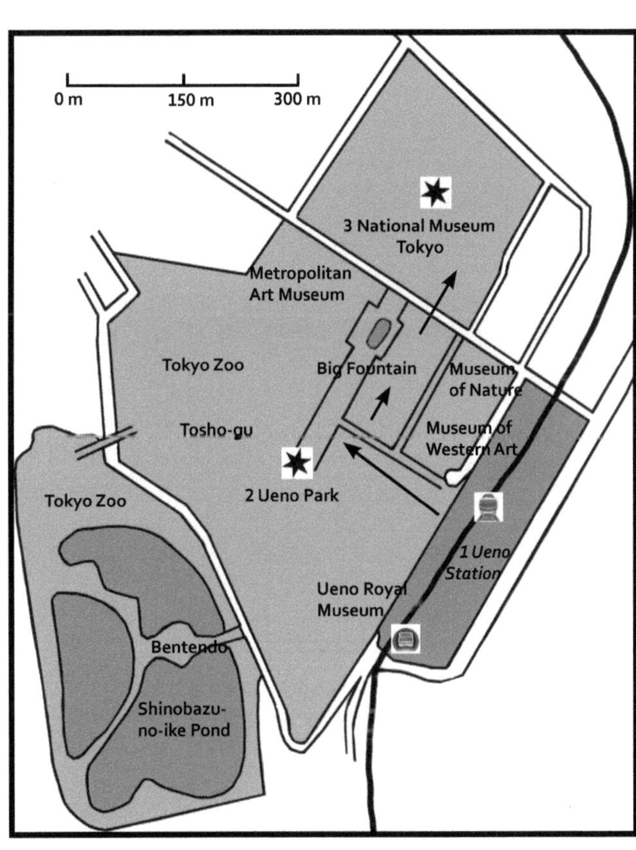

• Ueno Station
• Ueno Park – Big Fountain,
im Hintergrund Nationalmuseum
• Nationalmuseum, Honkan
• Nationalmuseum, Heiseikan

2 Ueno Park mit Big Fountain

Der großzügig angelegte Park mit heute einer ganzen Serie von Museen, dem Zoo, Shinto-schreinen und vielem anderen mehr hat eine besondere Geschichte: Um die Burg Edo vor Mächten aus dem unheilvollen Norden zu schützen, veranlasste der Tokugawa-Shogun Iemitsu 1625 den Bau einer Tempelgruppe auf einem riesigen Gelände, der Kanei-ji mit Ne-bentempeln. Die meisten dieser prachtvollen Tempel wurden 1868 in der Schlacht von Ueno (Kaiser gegen Shogun) zerstört und dadurch Platz für die heutige Nutzung geschaffen; einige Relikte (kleinere Tempel am Nationalmuseum, Pagode im Zoo) gibt es noch. 1873 wurde der Ueno Park als erster öffentlicher Park in Japan ausgewiesen. Vom Ueno Bahnhof geht der Weg durch den Park nach Nordosten. Der breite Weg im Zentrum führt zur Großen Fontäne, die allerdings nicht immer in Betrieb ist.

3 Nationalmuseum Tokyo
mit Honkan, Heiseikan, Toyokan,
Gallery of Horyu-ji Treasures

Das Nationalmuseum Tokyo im Nordosten des Ueno-Parks, 1871 gegründet, ist mit seinen verschiedenen Gebäuden und großen Sammlungen nicht nur das älteste, sondern auch das größte Museum Japans. Es besteht aus verschiedenen Bauten mit unterschiedlichen Sammlungsschwerpunkten:

- Der *Honkan* zeigt japanische Kunst von 11.000 v. Chr. bis in die Moderne. Dabei geht es um Holz- oder Bronzestatuen, um Sei-denbilder, um Rüstungen und Waffen, um Kleidung und Kunsthandwerk ...
- Der *Heiseikan* ist der japanischen Archäo-logie gewidmet und hat zudem Sonderaus-stellungen.

- Der *Toyokan* zeigt asiatische Kunst aus allen Regionen Asiens. Darunter sind herausragende Werke der alten chinesischen wie indischen (Gandara) Kunst ebenso wie Exponate der Seidenstraßenländer.
- Die *Horyuji-Galerie* präsentiert die Schätze aus dem Horyu-ji (Tempel in Nara), die vor allem im 7. und 8. Jahrhundert entstanden sind, als Nara Kaiserstadt war.
- Der *Hyokeikan* zeigt Sonderausstellungen.
- Das kleine *Kuroda-Museum* mit Werken des Malers Kuroda Seiki liegt westlich der Hauptgebäude.

Zudem gibt es noch einen Japanischen Garten mit Teehaus, ein Kuramon (Schwarzes Tor einer Fürstenresidenz) und ein Forschungs- und Informationszentrum. Auch ein Café vor dem Toyokan ist nützlich.

- Nationalmuseum, Toyokan
- Nationalmuseum, Teehaus im Garten
- Schwerterpaar, 16. Jahrhundert

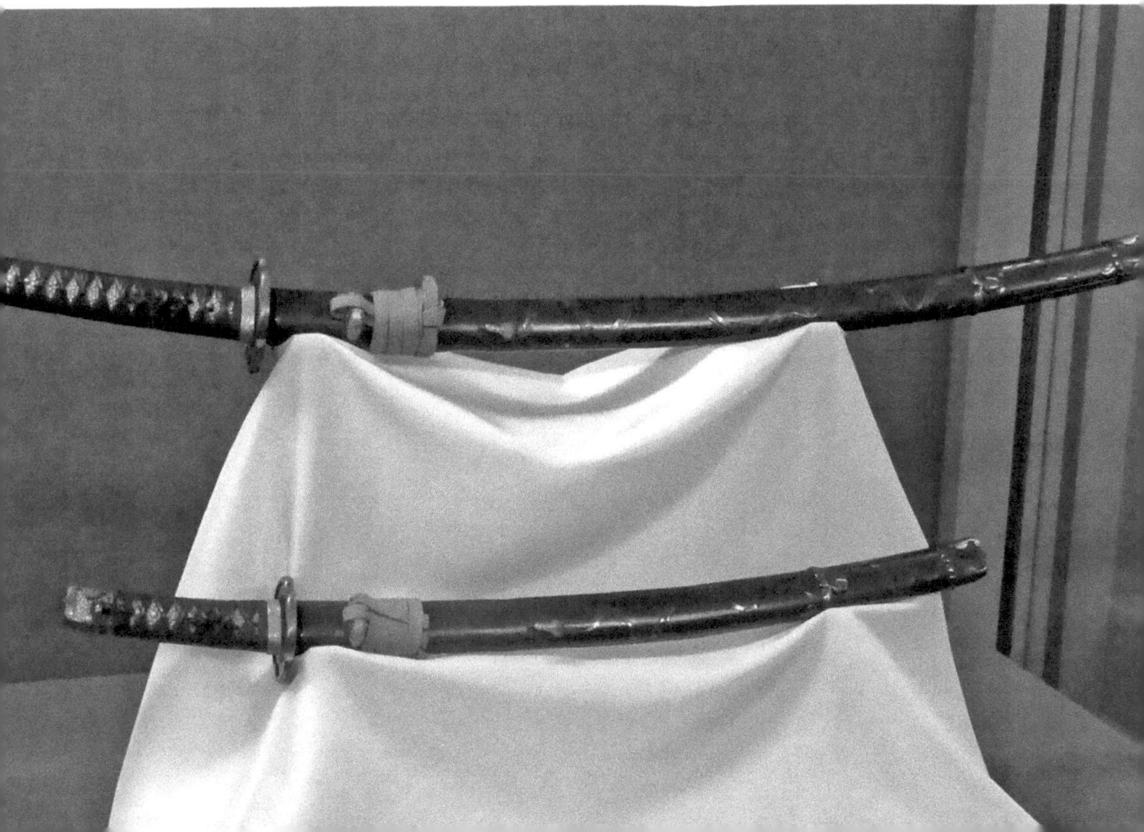

Ueno 2 (Tour 14)

Ziele: 1 Kanei-ji mit Mausoleum Ietsuna – 2 Jomyoin – 3 Yanaka Friedhof mit Tenno-ji – 4 Yoshidara Sakeladen – 5 Zurin-ji und andere Tempel in Yanaka – 6 Yanaka Ginza – 7 Nezu-jinja

Beginn:
• Ueno
  (JY05 Yamanote,
  G16 Ginza,
  H18 Hibiya)
Ende:
• Nezu
  (C14 Chiyoda)

Tour 14 beinhaltet ein großes Programm, für das man einige Zeit braucht. Auch sind vergleichsweise weite Wege zurückzulegen. Doch die Atmosphäre im eher beschaulichen Stadtviertel Yanaka lohnt die Mühe, hier entdeckt man noch manches vom alten Edo/Tokyo.

Das Stadtviertel Yanaka im Stadtbezirk (Ku) Taito) liegt nördlich des Ueno Parks. Es ist geprägt durch den sehr großen Yanaka Friedhof mit parkähnlichem Charakter. In Yanaka gibt es zudem eine Vielzahl von buddhistischen Tempeln, meist mit kleinen Friedhöfen (wahrscheinlich über siebzig). Zudem findet man mehrere kleine Museen, dazu interessante Geschäfte (besonders in der Yanaka

Seite 108: Buddha des Tenno-ji im Yanaka-Friedhof

Ginza). Viele Wohnhäuser haben nur zwei Geschosse, sodass sich Tokyo hier in ganz anderer Weise zeigt als in den Wolkenkratzervierteln. Den Abschluss der Tour bildet der Nezu-Schrein, einer der wichtigsten Shinto-Stätten in Tokyo.

1 Kanei-ji mit Mausoleum Ietsuna

(Vgl. Seite 106.) Der Kanei-ji wurde nach der Gründung des Shogunats in Edo mit den weitläufigen Tempelanlagen auf dem Berg Hiei bei Kyoto verglichen – der »Hiei des Ostens«. Die Tokugawa-Shogune verstanden den Tempel als zweiten Familientempel nach dem Zojo-ji (Seite 96f.). Von der riesigen Tempelanlage (500x900 m) sind nur noch wenige Reste erhalten geblieben: So findet sich überraschenderweise an der Grenze vom Zoo zum Tosho-gu (Tour 16) die fünfgeschossige Pagode des Kanei-ji. In der Nähe des Nationalmuseums sind zudem kleine Subtempel erhalten, mehrere nach Südosten, einer im Norden. Im Südosten ist besonders der Rinno-ji (zugänglich von der Straße zum Nationalmuseum) hervorzuheben. Auch der nordöstlich gelegene Friedhof mit dem Mausoleum des Tokugawa Ietsuna (1641-1680, vierter Tokugawa Sho-

gun) liegt auf dem Friedhof. Es ist schön geschmückt und erinnert an die Mausoleen des ersten und dritten Tokugawa Shogun in Nikko (Tour 35). Ebenso finden sich Reste des Mausoleums des fünften Shogun, Tokugawa Tsunayoshi (1646-1709). Gelangt man vom Friedhof aus nach Nordwesten, lag dort die Kompon Chu-do, die Haupthalle des Kanei-ji aus dem Jahr 1698. Sie wurde 1868 zerstört, heute ist dort ein Tempel, der von einem anderen Ort hierhin verlagert wurde.

Nicht weit vom Chu-do liegt die **Internatio-nal Library of Childrens Literature** (Kokusai Kodomo Toshokan). Dies ist ein Zweig der japanischen Nationalbibliothek, der im Gebäude der ehemaligen Kaiserlichen Bibliothek von 1906 untergebracht ist. Über 700.000 Kinderbücher sind im Bestand; es gibt ein Kinderbuchmuseum und Räume für interaktive Aktivitäten, dazu kindgerechte Leseräume.

International Library of Childrens Literature

2 Jomyoin

Der 1666 gegründete Jomjoin nördlich des Kanei-ji zeichnet sich durch die riesige Zahl von Jizo-Statuen aus, die seit 1876 dort gesetzt werden und inzwischen eine Zahl von 20.000 bis 25.000 erreicht haben. Ziel der Mönche sind 84.000 Jizos, weil der Buddha 84.000 Lehrreden gehalten haben soll. Viele der Jizos sind von den Stiftern mit weißen oder roten Lätzchen versehen, die an verstorbene Kinder erinnern. Der Bodhisattva Jizo (sanskrit: *Ksitigarbha*) ist neben dem Bodhisattva Kannon (sanskrit: *Avalokiteshvara*, chinesisch *Guanyin*) der am meisten verehrte Bodhisattva in Japan. Statuen von ihm fin-

Jomyoin, keine Grabsteine, sondern Jizo-Statuen

• Yanaka Friedhof
• Yoshidara Sakeladen
• SCAI the Bathhouse
• traditionelle Bauweise in Yanaka

den sich vor allem auf Friedhöfen, denn er begleitet die Verstorbenen in der Totenwelt und gibt ihnen Schutz. Durch seine Lotosblüte hebt er sie aus der Unterwelt zu einer neuen Wiedergeburt empor. Vor allem ist er der Schutzgott der Kinder, besonders der totgeborenen oder abgetriebenen Kinder (*Mizuko* = Wasserkinder). Jizo wird meist als Mönch mit Rasselstab dargestellt, oft auch mit Kindern.

3 Yanaka Friedhof mit Tenno-ji

Der Yanaka Friedhof gehörte ursprünglich zum buddhistischen Tempel Tenno-ji. Durch die Meiji-Reform 1868 wurden aber Buddhismus und Shinto (als Staatsreligion bzw. -ideologie) getrennt und der Besitz der buddhistischen Klöster beschnitten. So geriet der Yanaka in staatlichen Besitz. In der gepflegten parkähnlichen Anlage sind viele Grabstätten von prominenten Japanern, aber auch die Relikte des Tenno-ji, zudem inzwischen auch moderne Kolumbarien.

Die **Goju-no-to** (Fünfstöckige Pagode des Tenno-ji) wurde 1644 gebaut, fiel aber 1772 dem großen Feuer von Meguro zum Opfer. 1791 wurde sie mit 34 m Höhe neu errichtet. Unbeschadet überstand sie das Kanto-Erdbeben 1923 und den Zweiten Weltkrieg, doch die Pagode fiel 1957 dem Brandanschlag eines Fanatikers zum Opfer. Die Fundamentsteine des Baus sind noch zu erkennen.

Der 1274 gegründete **Tenno-ji** selbst liegt in der Nordostecke des großen Yanaka-Friedhofs fast am Bahnhof Nippori und ist einer der wenigen Tempel in Tokyo, die vor der Edo-Zeit (1603-1868) errichtet wurden. Der Anlass dazu war eine Buddha-Statue, die vom Mönch Nichiren (1222-1282) geschnitzt worden sein soll. Die auf Nichiren zurückgehende Schule des Buddhismus wurde oft verfolgt, deshalb wurde der Tenno-ji 1690 in einen

Tendai-shu-Tempel umgewandelt. In dieser esoterischen Richtung gewann die große Buddha-Statue an Bedeutung. Der Tempel selbst existiert nicht mehr, nur der Tenno-ji Daibutsu, der fünf Meter große Buddha (vgl. das Foto auf Seite 108) – er sitzt nun im Freien wie der Kamakura-Buddha.

4 Yoshidara Sakeladen

Kehrt man über die Hauptallee des Friedhofs zurück nach Süden, so gelangt man zum **Old Yoshida Sake Store**. Zu den Wohnvierteln der Edo-Zeit gehörten immer auch Läden mit den notwendigen und den gewünschten Waren – so auch ein Geschäft für Sake, das typische japanische alkoholische Getränk (15-20 Volumenprozent), meist, aber nicht ausschließlich, aus Reis hergestellt. Den Sake Store im Viertel Yanaka gab es schon in der Edo-Zeit, das heutige Gebäude in traditioneller Bauweise stammt aus dem Jahr 1910. Der Laden ist heute ein Annex des Shitamachi Museums (vgl. Tour 16).

Biegt man wieder nach Norden ab, kommt man am **SCAI The Bathhouse** vorbei. Onsen (Heißwasserbäder mit Thermalwasser) und Sentos (Bäder mit erhitztem Leitungswasser) gehören überall in Japan zu Wohnvierteln und Ausflugsorten. Das oft tägliche Bad im Onsen oder Sento war in der Zeit wichtig, als Privathäuser noch kein eigenes Badezimmer hatten, doch auch heute werden diese ungewöhnlich heißen Bäder (meist 40-42 Grad, aber auch höher) gerne zur Erholung und Entspannung genutzt. Das SCAI war 200 Jahre lang ein Sento, seit 1993 ist hier eine Galerie.

5 Zurin-ji und andere Tempel in Yanaka

Yanaka ist ein sehr traditionelles Stadtviertel, das den Charakter des alten Tokyo und Edo bewahrt hat, weil hier kaum Zerstörungen durch Krieg und Naturkatastrophen stattfanden. Es ist heute zum einen ein Viertel mit viel Kultur und Kunst, zum anderen aber Zentrum des Buddhismus. Nicht nur der Kanei-ji (südlich im Ueno Park) und der Tenno-ji (im Yanaka Friedhof), sondern auch eine kaum zu überschauende Fülle von kleineren Tempeln (über 70) prägen das Gesicht dieses Viertels.

Der interessante Tempel **Zurin-ji** gehört der Nichiren-Richtung an. Der buddhistische Reformer Nichiren (1222-1282) verkündete,

Zurin-ji:
• Hondo
• Nichiren

Asakura Museum

dass bedingt durch die Katastrophen in der Welt allein das Lotos-Sutra zur Erleuchtung führen kann. Dies war schon seit dem 9. Jahrhundert die Lehre der chinesischen Tiantai-Schule (japanisch durch den Mönch Saicho: Tendai-shu), doch Nichiren setzte eigene Akzente. Heute folgen viele Japaner dieser Richtung. Der 1591 gegründete Zurin-ji (westlich des Haupteingangs des Yanaka Friedhofs) hält die religiöse Tradition Nichirens lebendig. Sein Hondo hat schöne Schnitzarbeiten von Drachen.

An der nach Norden führenden schmalen Straße von SCAI bis zur Yanaka Ginza liegen zwei Museen: das kleine Teramachi Museum mit Holzschnitzarbeiten und das Asakura Museum, das die Skulpturen des Bildhauers Fumio Asakura (1883-1965) zeigt.

6 Yanaka Ginza

Im alten Japan hat es in jedem Viertel eine *Shotengai* gegeben, eine Einkaufsstraße im traditionellen Stil mit kleinen Geschäften für den täglichen Bedarf und für Kunsthandwerk. Die Yanaka Ginza, im Norden des Viertels Yanaka gelegen, ist eine der wenigen Shotengai, die im heutigen Tokyo übrig geblieben sind. Hier sind allerdings nicht nur die Bewohner des Viertels zu finden, sondern auch Touristen. Die Yanaka Ginza ist zudem bekannt für ihre vielen streunenden Katzen.

7 Nezu-jinja

Einer der schönsten Shinto-Schreine in Tokyo ist der Nezu-jinja, etwas südwestlich von Yanaka gelegen und zum Stadtbezirk Bunkyo gehörend. Die Gründung des Schreins soll bereits vor 1.900 Jahren erfolgt sein; der Wind- und Meeresgott Susanoo, der Bruder der Sonnengöttin Amaterasu, wurde verehrt – beide zusammen sind für das Wetter verantwortlich und waren deshalb in einer landwirtschaftlich geprägten Gesellschaft von höchster Bedeutung. In der Edo-Zeit wurde 1705 der heutige Schrein in seiner prunkvollen Gestalt errichtet. Neben den drei verbundenen Hauptgebäuden Honden (Hauptschrein), Heiden (Verbindungbau) und Haiden (Gebetshalle für die Gläubigen) sind im Nezu-jinja die beiden Tore Karamon (Chinesisches Tor vor dem Haiden) und Romon (in Richtung Eingang) in besonderer Weise gestaltet. Die Hauptgebäude sind von einer schönen Galerie umgeben. Im Nordwesten gibt es einen Schrein für die Reisgöttin Inari und einen Gang durch viele Torii hindurch. Im April gibt es im Nezu-jinja das Azaleenfest; der Schrein besitzt viele hundert Azaleenbüsche.

Seite 115:
• Yanaka Ginza
• Nezu-jinja

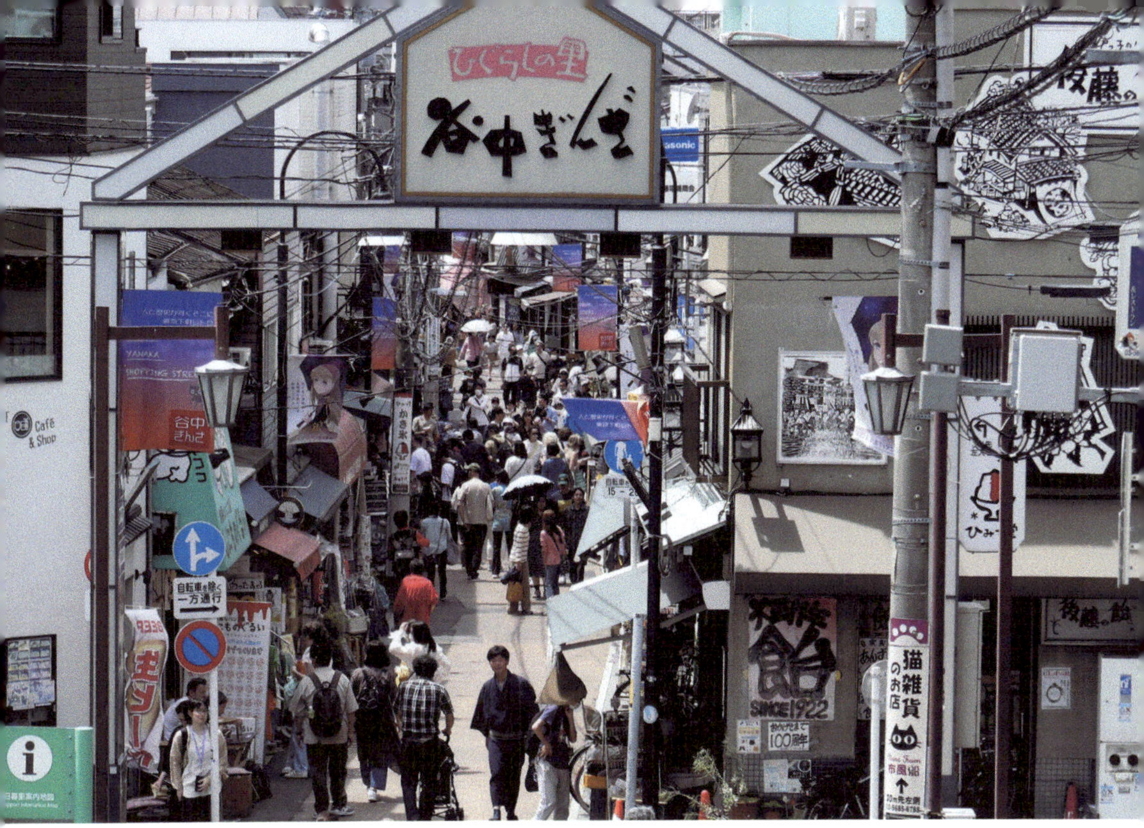
谷中ぎんざ
SINCE1922
猫雑貨のお店

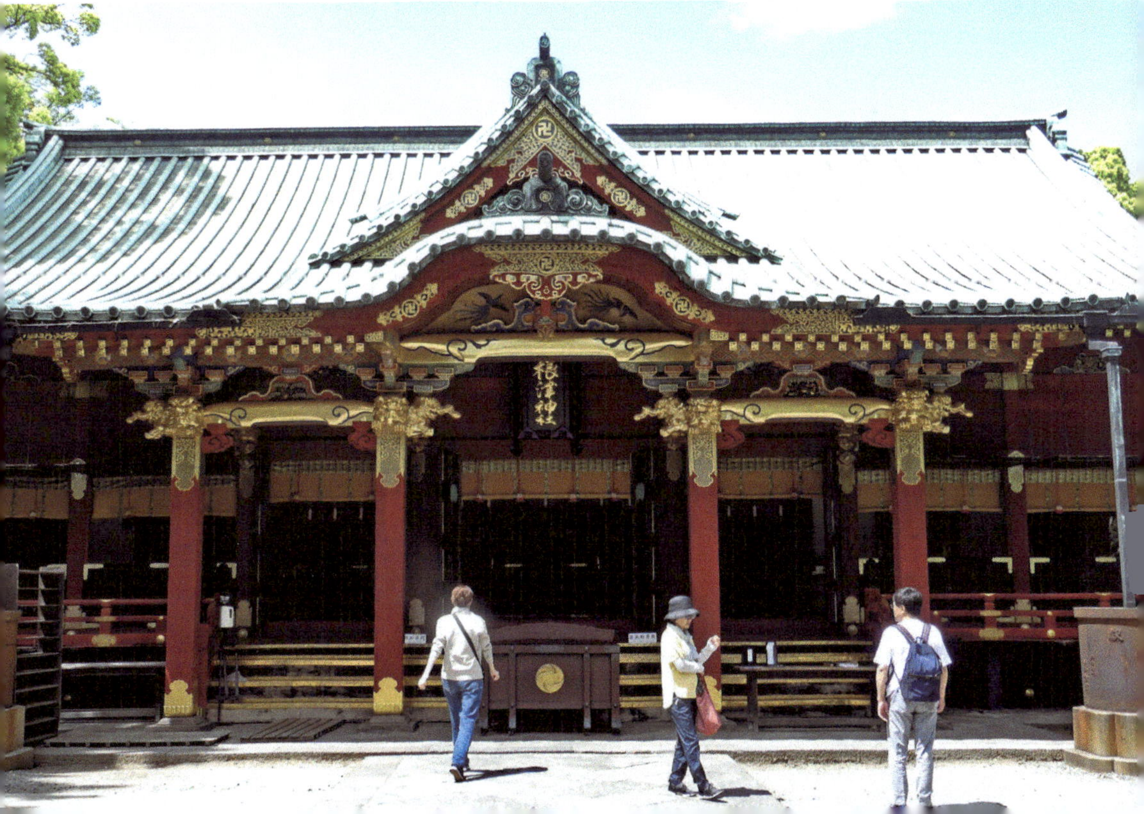
根津神社

Ziele: Auswahl aus Museen: 1 The Ueno Royal Museum – 2 National Museum of Western Art – 3 Nationalmuseum der Naturwissenschaften – 4 Tokyo Metropolitan Art Museum

Im Ueno Park gibt es die wohl bedeutendsten Museen der Stadt, neben dem Nationalmuseum vier weitere (und zusätzlich etwas weiter nördlich noch das The University Art Museum mit Bildern und Skulpturen aus alter und neuer Zeit). An einem Tag kann man diese Exponate nicht alle sehen, es gilt also (entsprechend der eigenen Interessen und im Blick auf Sonderausstellungen im Royal und Metropolitan) auszuwählen. Diese Tour ist ebenso wie Tour 13 auch für einen Regentag geeignet, da es nur kurze Wege durch den Ueno Park gibt und der Bahnhof Ueno von allen Häusern aus schnell erreichbar ist.

Beginn:
• Ueno
  (JY05 Yamanote,
  G16 Ginza,
  H18 Hibiya)
Ende:
• Ueno

Seite 116:
• Ueno Royal Museum
• Museum of Western Art

1 The Ueno Royal Museum

Trotz des offiziell klingenden Namens ist das 1972 eröffnete Ueno Royal Museum eine private Einrichtung, geleitet von der bereits 1879 gegründeten Japan Art Association (deren Leitung allerdings zur Zeit ein Prinz hat). Das Haus besitzt keine eigene Sammlung, organisiert aber durchaus interessante Sonderausstellungen vor allem junger japanischer Künstler und hin und wieder zu Themen ausländischer, auch westlicher Kunst (Informationen über www.ueno-mori.org).

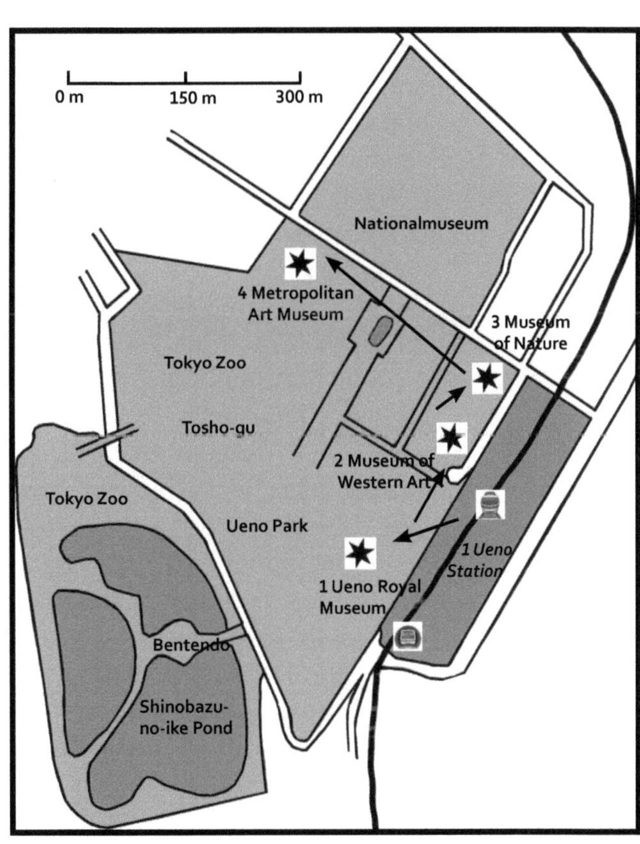

2 National Museum of Western Art

Es gibt einen breiten Weg von Ueno Station aus in den Ueno Park; links liegt die Tokyo Bunka Kaikan (Kulturzentrum Tokyo), eine 1971 erbaute Konzerthalle mit großem Saal für 2.300 und einem kleinen für 650 Personen. Rechts liegt das Museum für Westliche Kunst mit einem weiten Vorplatz, auf dem mehrere Bronzestatuen von August Rodin (1840-1917) stehen: Der Denker, Das Höllentor, Herakles tötet die stymphalischen Vögel. Auch im Gebäude selbst ist Rodin durch insgesamt 56 Werke vertreten – eine eigene Halle neben dem Eingang ist ihm gewidmet, zudem gibt es auch weiter oben noch mehrere Skulpturen. Die heutige Sammlung umfasst etwa 2.000 Werke; Rubens, El Greco, Monet, van Gogh, Rouault, Picasso, Miro und andere sind vertreten. Das 1959 fertiggestellte Gebäude wurde vom französischen Stararchitekten Le Corbusier erbaut.

3 Nationalmuseum der Naturwissenschaften

(Kokuritsu Kagaku Hakubutsukan – Museum of Nature and Science) Das Museum wurde bereits 1871 im konfuzianischen Tempel Yushima Seido (Tour 18) eingerichtet, im gleichen Jahr wie das Nationalmuseum Tokyo, doch dort wurde beim Kanto-Erdbeben alles zerstört. Die Neugründung im Ueno Park geschah 1930. Aus einer riesigen Sammlung von 3,5 Millionen Exponaten wird eine repräsentative Auswahl aus folgenden Themen gezeigt: Japan Gallery (Geologie, Naturgeschichte, Lebewesen, Lebeweisen der Japaner), Global Gallery (Tiere und Biodiversität, Erdgeschichte und Evolution). Filme im 360 Grad Kino veranschaulichen die Ausstellungsthemen.

4 Tokyo Metropolitan Art Museum

(Tokyo-to Bijutsukan – Kunstmuseum der Präfektur Tokyo) Das 1926 gegründete Museum im Norden des Ueno Parks wurde 1975 durch einen großen Neubau ersetzt; darin sind vor allem Sonderausstellungen, denn die ständige Ausstellung ist relativ klein. Zudem wurden 1994 viele Bilder und Papierwerke an das neu erbaute Museum of Contemporary Art im Kiba Park gegeben (östlich des Sumida-Flusses, vgl. in diesem Gebiet die Tour 24, das MOT kann die Tour dort ergänzen). Das Metropolitan konzentriert sich auf bedeutende Ausstellungen zu japanischer und westlicher Kunst (in 2023 etwa die Ausstellung Henry Matisse: Path to Color). Die Citizen Gallery bietet auch einfachen Bürger/innen Ausstellungsplatz. Informationen über Sonderausstellungen unter www.tobikan.jp.

上野大佛
ここはお寺です
手をたたかずに
合掌で
お参り下さい
南無釈迦牟尼仏
上野富楼大仏
釈迦
Tour 16

Ziele: 1 Ueno Daibutsu – 2 Gojoten-jinja – 3 Tosho-gu – 4 Tokyo Zoo – 5 Shinobazu-no-ike (Teich) – 6 Bentendo Shinobazu-no-ike – 7 Shitamachi Museum – 8 Yushima Tenman-gu

Beginn:
• Ueno
 (JY05 Yamanote,
 G16 Ginza,
 H18 Hibiya)
Ende:
• Yushima
 (C13 Chiyoda)

Tour 16 führt durch den gesamten westlichen Teil des Ueno Parks, setzt dabei aber unterschiedliche Akzente: es beginnt mit einer buddhistischen Stätte, die aber nur zu einem geringen Teil erhalten ist. Ein Schwerpunkt der Tour sind vier Schreine, die jedoch sehr unterschiedlich gestaltet sind. Die Wege sind nicht weit, der Park bietet einige Erholungsmöglichkeiten, am Shinubazu-no-ike Teich kann man ausruhen. Auch der Besuch im Zoo dient der Erholung, zudem gibt es dort zu vielen Tierarten gut aufbereitete Informationen. Im Zoo ist auch die alte Pagode des Kanei-ji. Das interessante Shitamachi Museum dagegen kann erst 2025 wieder besichtigt werden, da es zur Zeit grundlegend renoviert wird.

1 Ueno Daibutsu

Geht man von Ueno Station zum Ueno Daibutsu, so gelangt man zuerst zum **Denkmal** des Prinzen Komatsu No Miya **Akihito**. Er war zuerst Mönch, begann aber nach der Meiji-Reform (1868) eine militärische und dip-

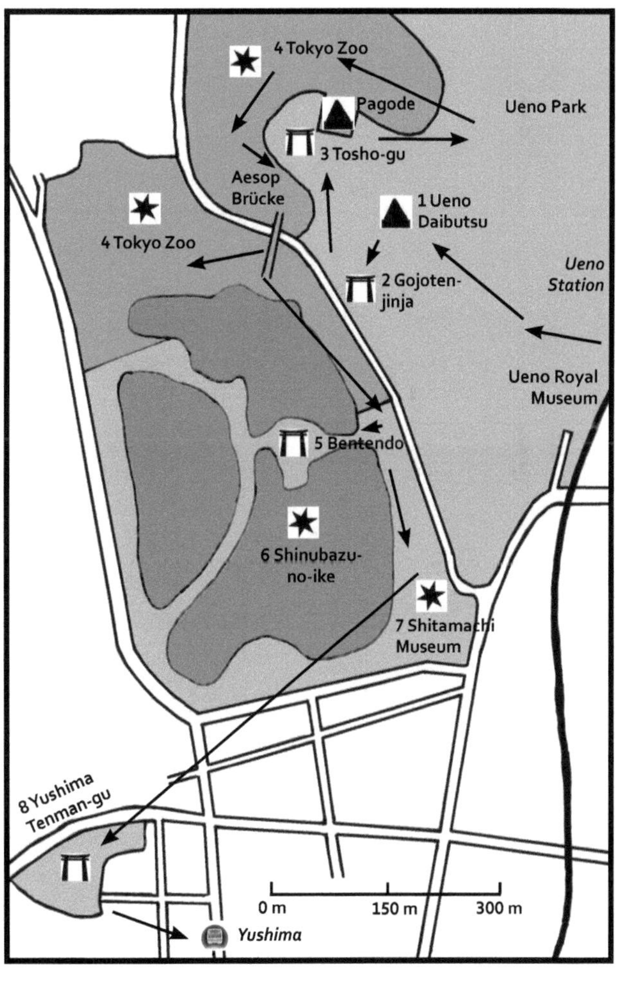

Seite 120:
Daibutsu im Ueno Park

• Prinz Akihito
• Ueno Totempfahl
• Stupa des Daibutsu

lomatische Karriere. Er war Kommandant im ersten japanisch-chinesischen Krieg (1894-1895) und wurde danach Generalkommandeur der japanischen Armee. Als Diplomat besuchte er die westeuropäischen Länder, unter anderem Deutschland, Russland und die Türkei.

Unmittelbar dahinter folgt der bunte **Ueno-Totempfahl**. Der Lions Club setzte 1964 diesen Totem Pole, die darauf dargestellten Tiere machen auf den benachbarten Zoo aufmerksam. In diesem Bereich des Parks finden sich oft Straßenmusiker.

Eine kleine Treppe führt nach oben zum **Ueno Daibutsu** (der Große Buddha von Ueno). Im Kanei-ji (Seite 106 und 110) gab es eine große sitzende Statue des Shaka Nyorai (des Buddha Shakyamuni, des historischen Buddha, Siddhartha Gautama aus dem Geschlecht der Shakya). Diese Figur wurde im großen Kanto-Erdbeben 1923 weitgehend zerstört: Der Kopf fiel hinunter, die Bronze des Körpers wurde im Zweiten Weltkrieg für Kriegszwecke genutzt, das Gesicht des Daibutsu aber wird heute an der alten Stelle verehrt. Zu dieser Stelle gehört auch ein kleiner Stupa.

2 Gojoten-jinja

Wiederum nur wenige Schritte weiter liegen zwei Shinto-Schreine: Der Gojoten stammt aus dem Jahr 1662, er ist mit dem **Hanazono Inari-jinja** verbunden. Beide sind über eine Treppe nach unten erreichbar, die durch rote Torii führt – ein typisches Merkmal der Inari, der Reis- und Erntegöttin, die für Wohlstand zuständig ist. Auch finden sich die üblichen Wächtertiere dieses Kami wieder – Füchse.

3 Tosho-gu

Tokugawa Ieyasu (1543-1616) war nach Oda Nobunaga (1534-1582) und Toyotomi Hideyoshi (1537-1598) der dritte bedeutende Herrscher, der das in vielerlei Fürstentümer zerstrittene Japan wieder zu einem Reich formte – der letzte und wichtigste der drei »Reichseiner«, denn er gründete das Tokugawa Shogunat, das von 1603 bis 1868 über Japan herrschte. Tokugawa Ieyasu verlegte seinen Regierungssitz in die Burg Edo (vgl. Tour 2) und führte damit Edo (ab 1868 Tokyo, Östliche Hauptstadt, genannt) zu seiner heutigen

Bedeutung. Nach seinem Tod wurde er – wie alle bedeutenden Japaner – zum Kami erhoben und 1627 ein Schrein im großen Gelände des Kanei-ji zu seiner Ehre errichtet: der Tosho-gu. Der heute sichtbare Bau entstand im Jahr 1651 und erinnert an die prachtvoll ge-

- Parkmusikant
- Torii im Inari-jinja
- Fuchs der Inari

Tosho-gu
Hauptgebäude

schmückte Architektur, wie sie im Mausoleum des Tokugawa Ieyasu in Nikko (Tour 35) oder im kleinen Mausoleum des Tokugawa Ietsuna (Seite 110) ebenfalls sichtbar ist. Auffallend im Tosho-gu sind die vielen Steinlaternen auf dem Weg und die fünfzig Bronzelaternen vor dem Schrein. Diese Bronzelaternen wurden von den Daimyos, den Fürsten gestiftet. Sie dienten nicht der Beleuchtung, sondern in ihren wurden bei Ritualen reinigende Feuer entzündet. Am Eingang des Tosho-gu gibt es einen Päoniengarten, der sich in der Päonienblüte (Mai-Juni) lohnt (vgl. zum Nikko Tosho-gu Seite 238ff.).

Vom Vorplatz des Schreins sieht man auch die fünfgeschossige **Pagode des Kanei-ji** gut, die aber bereits auf dem Gelände des Zoos liegt (dort weniger gute Sicht). 1631, unmittelbar nach dem Bau des Tosho-gu, wurde diese Pagode mit 32 m Höhe errichtet – zu dieser Zeit bildeten Shinto und Buddhismus noch eine »Durcheinanderreligion«, die erst nach der Meiji-Reform zwangsweise getrennt wurde.

4 Tokyo Zoo

Als erster Zoologischer Garten Japans wurde der Ueno Zoo im Jahr 1882 gegründet, nur wenige Jahre nach den Kämpfen um die Meiji-Reform, durch die an dieser Stelle der Kannei-ji zerstört wurde. Von diesem Tempel ist heute auf dem Gelände des Zoos noch die Pagode erhalten. Der Zoo besteht aus zwei Teilen, dem Ostteil mit dem Haupteingang und dem Westteil mit einem Teil des Shinobazu-no-ike Teichs. Auf 14 Hektar Fläche werden etwa 2.600 Tiere aus allen Kontinenten gezeigt. Unter anderem gehören auch zwei Pandabären dazu, doch weil

• Bronzelaternen im Tosho-gu
• Steinlaternen im Toshogu
  und Pagode des Kanei-ji

sie bei Japanern beliebt sind, muss man mit längerer Wartezeit rechnen.

5 Shinobazu-no-ike (Teich)

Ursprünglich war das Gebiet im Südwesten des heutigen Ueno Parks ein Teil der Meeresbucht von Tokyo. Als sich die Küstenlinie veränderte, blieb hier Sumpf zurück. Beim Bau des Kanei-ji 1625 wurde die Insel mit dem Bentendo angeschüttet. Heute besteht der Shinobazu-no-ike aus drei Teilen (vgl. die Karte), jedoch nur im nördlichen Gebiet des Zoos ist Wasser zu sehen (Kormoran-Teich, vgl. das Foto rechts), dort sind Pelikane, Kormorane und andere Wasservögel. Der flache südliche Teil (80 cm tief) ist von Pflanzen, vor allem von Lotos, überwuchert (Lotosteich, vgl. das Foto auf Seite 126). Auf dem westlichen Teil kann man Boot fahren (Boot-Teich).

6 Bentendo Shinobazu-no-ike

Mitten in den drei heutigen Teilen des Shinobazu-no-ike befindet sich eine durch einen Damm erreichbare Insel mit dem Tempel/Schrein der Glücksgöttin Benzaiten, die sowohl im Buddhismus wie im Shinto verehrt wird (sanskrit: Sarasvati). Der sechseckige Bau wurde im 17. Jahrhundert errichtet und nahm eine Statue der Göttin auf, die Shamisen spielt, eine dreiseitige japanische Laute – damit will sie aufgebrachte »Seelen« beruhigen.

7 Shitamachi Museum

Shitamachi bedeutet Unterstadt und meint die niedrig gelegenen Viertel von Zentral-Tokyo. In der Edo-Zeit (1603-1868) lebten hier mit Ausnahme der Burg Edo mit dem Shogun vor allem einfache Leute – Handwerker, Fischer, Kaufleute. Das Shitamachi Museum zeigt

- im Tokyo Zoo
- Kormoran-Teich (Shinobazu-no-ike)
- Bentendo innen, hinten klein Benzaiten, vorn Ugajin, Schlange mit Menschenkopf – Kami für Gesundheit

das Leben der Menschen in dieser Zeit und gibt damit einen guten Einblick in das alte Edo. Im ersten Geschoss gibt es Nachbauten von mehreren traditionellen Häusern mit Inneneinrichtung (Kupferschmied, Kaufmann, kleiner Laden für Süßigkeiten ...), im Obergeschoss sind unterschiedliche Exponate. Zur Zeit wird der Bau bis 2025 renoviert und ist deshalb nicht zugänglich. Ein Annex ist der Yoshidaya Sakeladen (vgl. Seite 112f.) in Yanaka.

8 Yushima Tenman-gu

Sugawara no Michizane (845-903) war eine der prägenden Gestalten im Japan des 9. Jahrhunderts. Aus einer Gelehrtenfamilie stammend wurde er selbst Dichter (besonders chinesischer Poesie), Leiter des höchsten Lehramts in Japan und Diplomat. Doch er fiel am Kaiserhof trotz seiner Verdienste in Ungnade und wurde als Gouverneur in eine Provinz verbannt. Als nach seinem Tod Wetterkatastrophen eintrafen, schrieb man diese ihm zu; in der Gestalt des Donnergottes Raijin habe er sich gerächt.

Der Schrein soll bereits im Jahr 458 gegründet worden sein, doch gewann er erst an Bedeutung, als ab 1335 Sugawara hier als Kami verehrt wurde. Im Jahr 1478 wurde der Haiden (Foto links), die Gebetshalle, von Ota Dokan, dem Fürsten der Burg Edo, in der heutigen Gestalt gebaut. Der Schrein gilt wegen der Verehrung des Gelehrten Sugawara als Stätte des Gebets für Erfolg beim Lernen und wird deshalb besonders von Schülern und Studenten besucht, vor allem vor Prüfungen.

Bildrolle Sugawara no Michizane als Gott Tenjin, 1446

Ziele: 1 Furukawa Garden mit Otani Museum of Art – 2 Rikugien – 3 Koishikawa Botanischer Garten – 4 Koishikawa Korakuen – 5 Tokyo Dome City mit LaQua Onsen

Beginn:
• Nishigahara
  (N15 Namboku)
Ende:
• Karakuen
  (N11 Namboku,
  M22 Marunouchi)

Wenn man die bis zu 2 km langen Fußwege zwischen den einzelnen Stationen nicht als belastend empfindet, sondern als Einblick in eine ruhige Lebensweise in den nördlichen Stadtteilen von Tokyo, dann ist diese Tour zu vier unterschiedlichen und zugleich herausragenden Gärten in den Nordbereichen der Stadt (Ku Kita und Bunkyo) erholsam und zugleich abwechslungsreich. Am Ende kann man diese Erholung durch einen Besuch im LaQua Onsen noch verstärken und die Müdigkeit durch die heißen Bäder dort vertreiben. Insgesamt aber lernt man mit Tour 17 einen wesentlichen Aspekt japanischen Lebens kennen: das Bemühen um Harmonie mit der – allerdings vom Menschen intensiv gestalteten – Natur. In japanischen Gärten ist nichts dem Zufall überlassen, sondern exakt geplant, um diese Harmonie zu erreichen.

Japanische Gärten werden in alter Tradition auch heute noch sehr verschieden gestaltet; vereinfacht gibt es folgende Formen, die aber auch vermischt sein können:

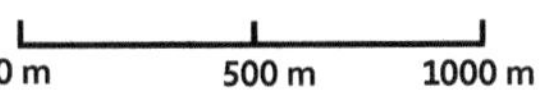

Seite 128:
im Rikugien

- *Paradiesgärten*, eine sehr alte Form der Gartengestaltung, die auf das buddhistische Paradies des Westens (Buddha Amida) zurückgeht und die Elemente dieser Paradieslandschaft so zu zeigen versucht, wie buddhistische Bildwerke sie darstellen;
- *Landschaftsgärten*, die verschiedene schöne Regionen Japans oder auch Chinas (etwa Westsee bei Hangzhou) im Kleinen nachbilden; meist haben Daimyos (Fürsten) diese Landschaften auf Reisen kennen gelernt und ließen sie dann von ihren Gärtnern nachbauen, um den Genuss einer herausragenden Landschaft auch zu Hause genießen zu können;
- *Wandelgärten*, in denen sich dem Besucher auf gewundenen Wegen und zwischen Bäumen und Büschen hindurch immer wieder neue Bilder einer Harmonie der vom Menschen gestalteten Natur ergeben – jeder Schritt eröffnet neue Perspektiven;
- *Meditationsgärten*, wie die meisten Zenklöster sie besitzen, sind oft Steingärten, vielleicht noch mit ein wenig Moos oder einigen Büschen – der wellenförmig geharkte Kies oder Sand versinnbildlicht das Weltenmeer, welches den Weltenberg (ein großer Stein in der Mitte) umfließt;
- *Teegärten* mit einem Teehaus in der Mitte sind vergleichsweise klein und bieten einen privaten Raum, der ruhig und abgeschlossen ist, um das Ritual der Teezeremonie ungestört durchführen zu können – in Teegärten wird mit den Pflanzen und der Architektur des Teehauses eine unmittelbare Verbindung von Kultur und Natur geschaffen;
- *Westliche Gärten* greifen die Gartengestaltung europäischer Länder und auch deren Pflanzen auf, manchmal sind es auch botanische Gärten, die für Bildung und Forschung wichtig sind.

Typisch für japanischen Gartenstil sind:
- die bewusste Setzung von Steinen,
- ein Teich, oft auch mit einer Quelle oder einem Wasserlauf oder gar Wasserfall,
- dazu passende Brücken, manchmal aus einer großen Steinplatte gesetzt,
- die farbliche Reduzierung auf meist Grün und Grau,
- die Eingliederung von Steinmonumenten (meist Laternen),
- die »Erziehung« von Bäumen und Sträuchern in genau bedachten Formen.

Gartenimpressionen

**1 Furukawa Garden
mit Otani Museum of Art**

Im nördlichen Ward Kita liegt der Kyu-Furukawa-en, der zwei Teile besitzt: einen europäischen Garten vor allem mit einer Vielzahl von Rosenpflanzen, dazu einem Residenzgebäude in westlichem Stil, und einen typisch japanischen Wandelgarten, in dem sich bei jedem Schritt neue Perspektiven eröffnen. Das Otani Art Museum im Residenzgebäude zeigt die Inneneinrichtung einer von Großbritannien beeinflussten Adelsfamilie. Der japanische Garten ist rund um einen Teich (Shinji-ike) angelegt, der die Form des chinesischen Schriftzeichens *xin* (= Herz) hat.

2 Rikugien

Bereits im Stadtbezirk Bunkyo liegt der wunderschöne Rikugi-en. 1702 wurde er als Garten für einen Daimyo (= lokaler Herrscher, dem Shogun unterstellt) angelegt. Auch dieser Garten ist ein Wandelgarten mit vielfältigen Perspektiven. Zugleich aber ist er ein Landschaftsgarten, der unterschiedliche landschaftliche Szenen Japans im Kleinen zitiert – hier sind es 88 Szenen der Bucht Wakanoura, über die es eine Fülle von japanischen Gedichten gibt. Der Garten zählt in Japan nicht nur als bedeutendes Kulturerbe, sondern auch als ein »Besonderer Ort Szenischer Schönheit«. Es gibt zwei Teehäuser. Die 88 Anblicke der Bucht Wakanoura hatten alle eine Steinsäule mit einem Waka-Gedicht, nur 33 sind allerdings erhalten. Mehrere künstliche Hügel wurden angelegt, der Fujishiro-toge hat 35 m Höhe. Die Mondbrücke (Bild Seite 128) ist eine ungewöhnliche Steinsetzung.

• Otani Museum of Art
• Furukawa Garten
• Rikugien

3 Koishikawa Botanischer Garten (Koishikawa Shokubutsuen)

Gehört zu: Graduate School of Science – The University of Tokyo

Der Botanische Garten der Universität Tokyo geht auf den Shogun Tokugawa Tsunayoshi (1646-1709, Regierungszeit ab 1680) zurück, der hier eine Residenz mit Garten besaß. Sein dritter Nachfolger gab die Residenz auf und ließ einen Kräutergarten anlegen, der zusammen mit einer Quelle medizinisch für die arme Bevölkerung genutzt wurde. 1877 kam der Garten zur naturwissenschaftlichen Fakultät der Universität Tokyo. Der Garten hat einen anderen Stil als der Furukawa oder Rikugien: Er ist geprägt von hohem und sehr unterschiedlichem Baumbestand (1400 Bäume, 1500 Sträucher, viele auch aus den Tropen). Zudem gibt es große Gewächshäuser, in denen Pflanzen gezüchtet werden, die aber trotzdem der Öffentlichkeit zugänglich sind. Im Nordwesten der 16 Hektar großen Anlage ist auch ein kleiner Garten im japanischen Stil.

4 Koishikawa Korukuen

Der »Vergnügungsgarten« (en = Garten, koraku = Vergnügen), heute unmittelbar neben der Halle Tokyo Dome, wurde 1629 von einem Mitglied der Tokugawa Familie angelegt. Es ist ein typischer Wandelgarten mit einem großen Teich und weiteren Wasserflächen. Zugleich aber wird an vielen Stellen auf japanische oder chinesische Landschaften angespielt (Landschaftsgarten). Benannt ist der Garten nach dem kleinen Bach Koishikawa.

5 Tokyo Dome City mit LaQua Onsen (Tokyo Domu Shiti)

Im Zentrum des Stadtbezirks Bunkyo, nicht weit von dem Bezirksrathaus Bunkyo City Office (Aussichtsplattform), liegt ein großer Unterhaltungskomplex. Er besteht aus der großen Baseball- und Veranstaltungshalle Tokyo Dome für bis zu 55.000 Gästen, einem Vergnügungspark mit Achterbahn, Wasserbahn und anderem, natürlich vielen Geschäften und Restaurants und dem LaQua Onsen, einem luxuriösen japanischen Bad im 7. Stock des zentralen Gebäudes.

浪漫亭
P
8 - 20

Kanda – Nihonbashi (Tour 18)

Ziele: 1 Kanda Myojin – 2 Yushima Seido – 3 Holy Resurrection Cathedral – 4 Yanagimori-jinja – 5 Mitsukoshi Main Store – 6 Bank of Japan – 7 Mitsui Memorial Museum – 8 Nihonbashi

Beginn:
• Ochanomizu
  (M20 Marunouchi)
Ende:
• Nihonbashi
  (G11 Ginza,
  T10 Tozai,
  A13 Asakusa)

Diese Tour folgt dem Weg, den die große Prozession der Kanda-Matsuri (zweitgrößtes Shintofest in Tokyo) am zweiten Wochenende im Mai (nur ungerade Jahre) zurücklegt: vom Kanda Myojin aus bis in die alte Innenstadt zur Nihonbashi (Japanbrücke), die als zentraler Punkt nicht nur von Tokyo, sondern von ganz Japan angesehen wird, weil von diesem Punkt aus alle Kilometerangaben gemessen werden. Auf dem Weg lernt man sehr unterschiedliche Dinge kennen: mit dem Kanda Schrein einen der wichtigsten in Tokyo, dazu den einzigen konfuzianischen Schrein in Tokyo, die christlich-orthodoxe Kathedrale, das älteste Warenhaus, die Bank of Japan, ein ausgezeichnetes Privatmuseum. Wem der Weg vom Yanagimori-jinja nach Süden zu weit ist, kann von Kanda (G13) aus mit der Ginza Linie bis Nihonbashi (G11) fahren.

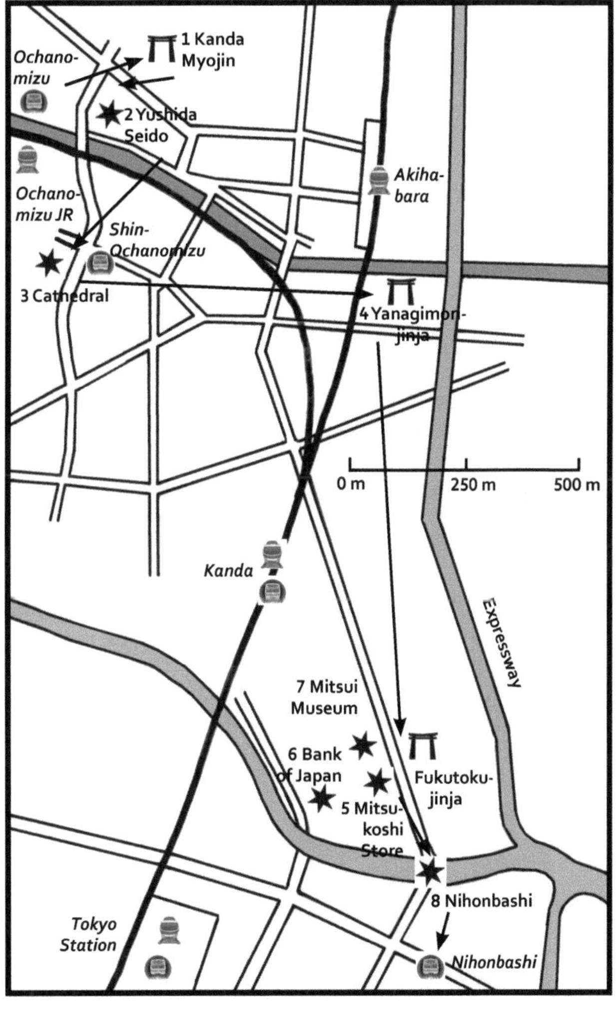

Seite 134:
Kanda Matsuri:
einer der drei großen Mikoshi (Trageschreine) des Kanda Myojin wird durch Straßen der Innenstadt gefahren – im Mai eine der drei größten Shinto-Prozessionen in Tokyo

1 Kanda Myojin

Bereits 730 in einem Fischerdorf gegründet, wurde der Kanda-Myojin 1603/1616 hierher verlegt, um die Burg Edo im Norden zu schützen, der gefährlichen Himmelsrichtung, wie man glaubte. Im Kanto-Erdbeben von 1923 wurde der Schrein zerstört, 1934 wieder aufgebaut. Hinter dem kupfernen Eingangstorii und dem roten Zuishinmon liegt der schön gestaltete Haiden. Im Kanda Myojin werden die beiden Glücksgötter Daikokuten (gute Ernte, Wohlstand) und Ebisu (guter Fischfang, Glück) als Kami verehrt, dazu ein Samurai, Taira no Masakado (903-940). Taira no Masakado wurde als Rebell gegen den Kaiser bekannt (Johei-Rebellion) und starb im Kampf um die Vorherrschaft seiner Taira-Familie.

Die drei Kami sind im Honden eingeschreint, aber auch in drei Trageschreinen (Mikoshi), die bei der großen Kanda Matsuri durch die ganze Innenstadt nördlich von Tokyo Station getragen werden. Die Kanda Matsuri findet alle zwei Jahre an einem Wochenende im Mai statt. Die Hauptprozession mit den drei großen Trageschreinen ist ein feierliches und prachtvolles Ereignis mit vielen Teilnehmern in traditioneller Kleidung (Foto Seite 134). Hinzu kommen aber noch die lebhafteren und interessanteren Stadtteilprozessionen mit kleineren Mikoshi (noch kleinere auch für die Kinder), die durch ihr Viertel zum Kanda Myojin ziehen, durch die Tore schreiten und ihren Mikoshi sich dann vor dem Haiden des Schreins »verbeugen« lassen.

2 Yushima Seido (»Heilige Halle«)

Dem lebhaften Kanda Myojin gegenüber liegt der ruhige, fast verträumte Yushima Seido, ein konfuzianischer Tempel – selten in Japan. Der Tempel geht zurück auf den Anfang der Edo-Zeit, als ein Gelehrter, Hayashi Razan (1583-1657), eine konfuzianische Privatschule gründete, um die Philosophie und Gesellschaftslehre des chinesischen Konfuzianismus auch in Japan zu verankern. 1632 wurde dazu ein Tempel gebaut, der mehrfach abbrannte, später auch als Ausbildungsstätte für Samurai diente. 1935 wurde das heutige Gebäude errichtet, nachdem der vorherige Bau beim Kanto-Erdbeben zerstört wurde.

Konfuzius (Kongzi) lebte vermutlich von 551 bis 479 im zentralen China (Geburts- und Sterbeort Qufu,

wo seine Grabstätte und auch das Haus seiner Familie zu sehen ist). Der Philosoph wollte die menschliche Ordnung mit der Harmonie der Welt in Einklang bringen; individuelle und öffentliche Moral sind dazu nötig. Der edle Mensch, wie ihn Kongzi propagierte, ist von vier Grundtugenden geprägt: Mitmenschlichkeit (ren), Rechtschaffenheit (yi), Pietät und Einordnung in eine hierarchisch gegliederte Gesellschaft (xiao) und Einhaltung der Riten (li). Erst nach seinem Tod wurde seine philosophisch-gesellschaftliche Lehre durch Mengzi und andere auch mit Religion und religiösen Riten in Verbindung gebracht. Seine Statue im Yushima Seido ist die wohl die größte Bronzestatue dieses Philosophen weltweit.

3 Holy Resurrection Cathedral (Nikorai-do)

Die 1891 erbaute Kathedrale ist die Hauptkirche der Japanisch-Orthodoxen Kirche. Diese Kirche und auch die Kathedrale geht auf Ivan Kasatkin zurück, der später der Heilige Nicholas von Japan genannt wurde – deshalb der japanische Name Nikorai-do.

4 Yanagimori-jinja

Der kleine Schrein am Kanda-Fluss nahe der Akihabara Station wurde 1457 von Ota Dokan, den Erbauer der Burg Edo, gegründet. Er ist – wie viele Schreine – Inari gewidmet, der Reis- und Erntegöttin, die man um wirtschaftlichen Erfolg anruft. Doch hier sind nicht wie sonst Füchse ihre Wächtertiere, sondern Tanuki, Marderhunde, die mit übergroßen Hoden dargestellt werden. Die leger »Goldene Bälle« genannten Hoden sollten Säcke mit Gold darstellen, die man sich von Inari erhofft – ein etwas gewagter Vergleich.

5 Mitsukoshi Main Store

Nihonbashi meint zum einen die Brücke (8), zum anderen ab der Edo-Zeit das Stadtviertel, das östlich der Burg Edo zwischen dem Viertel des Adels im Westen und der Unterstadt mit der ärmeren Bevölkerung im Osten liegt. Hier siedelte sich naturgemäß der Handel an; die Familie Mitsui gründete bereits 1673 ein erstes Kaufhaus am Ort des heutigen Mitsukoshi Main Store. Heute ist Mitsukoshi unter den drei größten japanischen Kaufhausketten; die Zentrale

• Holy Resurrection Cathedral
• Tanuki im Yanagimori-jinja
• Mitsukoshi Main Store

in Nihonbashi hat neben vielen anderen Sorti-
menten die größte Lebensmittelabteilung in
einem Kaufhaus weltweit.

6 Bank of Japan (Nippon Ginko)

Die 1882 gegründete japanische Zentralbank
hat ihren Sitz im 1896 im westlichen Stil ge-
bauten repräsentativen Gebäude in Nihonbashi, dem alten Geschäftsviertel der Edo-Zeit. In
einem Block gegenüber liegt das 1985 eröffnete
Currency Museum of the Bank of Japan, das
alte japanische Bezahlmethoden anschaulich
darstellt – von Goldmünzen (Oban) über Mün-
zen und Geldscheine bis zu digitalen Bezahlmethoden unserer Zeit.

7 Mitsui Memorial Museum
(Mitsui Kinen Bijutsukan)

Nur wenige Schritte nördlich des Mitsukoshi
Main Store befindet sich in einem Bürohochhaus das private Museum der Familie Mitsui.
Es zeichnet sich durch eine hochwertige eigene
Sammlung (mit Nationalschätzen und Wichtigen Kulturgütern Japans) und durch herausragend gestaltete Sonderausstellungen aus.

8 Nihonbashi (Japanbrücke)

Bereits 1603 wurde hier eine erste hölzerne
Brücke erbaut. Immer wieder nach Bränden
erneuert, ist die heutige Steinbrücke aus dem
Jahr 1911, die darüber führende schreckliche
Autobahnbrücke aus den 1960er Jahren (Ex-
presswaybau vor der Olympiade). Nihonbashi
war in der Edo-Zeit der Ausgangspunkt von
fünf Ausfallstraßen, die in alle Richtungen in
die japanischen Provinzen führten. Auch heute
werden von hier alle Kilometerangaben in Japan (Zero Milestone) gerechnet.

• Bank of Japan
• Mitsui Hochhaus und Mitsui Memorail Museum
• Nihonbashi und Zero Milestone

Toden-Arakawa-Line

Die Nummern der Stationen beginnen mit Minawobashi (SA01) und enden mit Waseda (SA30).

Toden-Arakawa – Sugamo (Tour 19)

Ziele: 1 Entsu-ji – 2 Joyful Minowa – 3 Miyanomae – 4 Arakawa Amusement Park – 5 Oji-jinja – 6 Asukayama Park – 7 Ne   nasha-jinja – 8 Sugamo Nakasendo-dori – 9 Kogan-ji – 10 Shinsho-ji

Die Tour 19 zeichnet sich nicht durch besondere Highlights aus, es gibt zwar viele kleine Sehenswürdigkeiten entlang des Weges, die allerdings nicht von hoher Bedeutung sind. Dennoch ist die Tour angenehm, weil die Fahrten mit der Toden-Arakawa-Line, der einzigen verbliebenen Straßenbahn in Tokyo ihren ganz besonderen Reiz hat. Diese Linie über 12 Kilometer mit 30 Stationen zwischen den Bahnhöfen Minowabashi und Waseda wird auch Sakura-Linie benannt nach der Kirschblüte (sakura). Doch wäre Rosen-Linie besser, denn

Beginn:
• Minowa
  (H19 Hibiya)
Ende:
• Sugamo
  (JY11 Yamanote,
  I15 Mita)

Seite 140:
Toden Arakawa
Straßenbahn
• Linienplan
• Wagen in
  Minowabashi

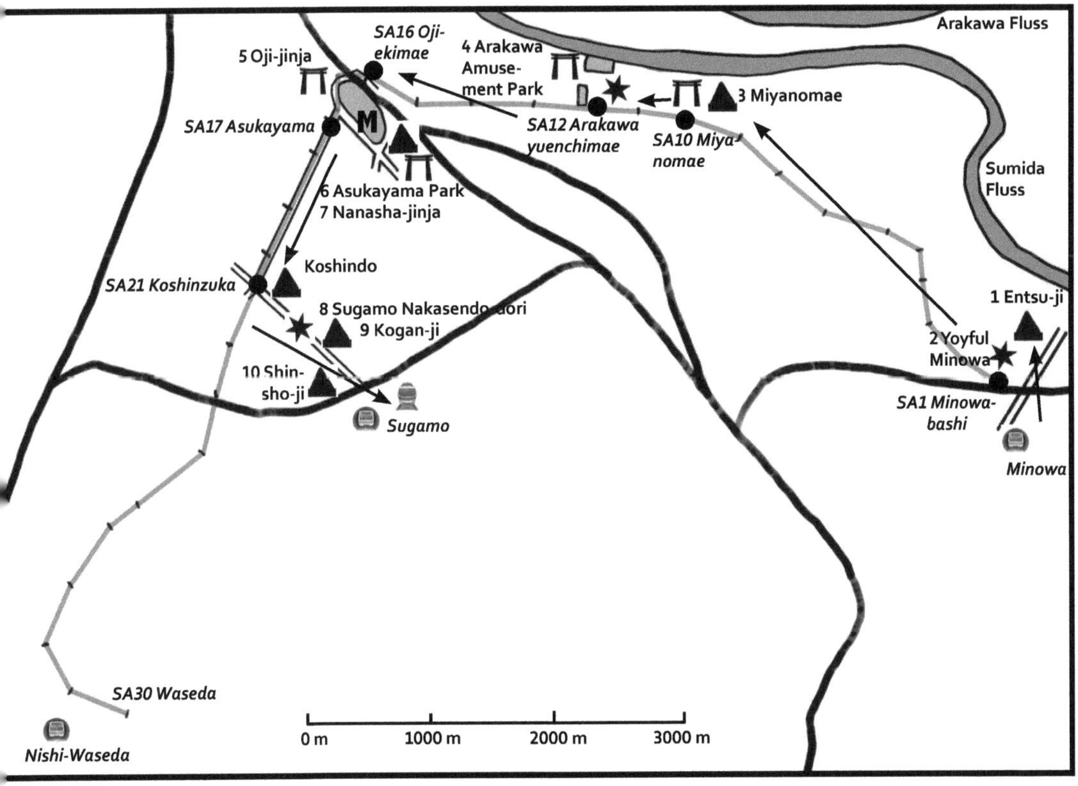

Kannon im Entsu-ji

Joyful Minowa

über weite Teile wurden rechts und links des Gleiskörpers Rosenbüsche in unterschiedlichen Farben gepflanzt, sodass sich ein beeindruckendes Bild ergibt. Man kann einen Daypass für 400 Yen kaufen; die Einzelfahrstrecke kostet 170 Yen. Die Bahnen fahren etwa alle zehn Minuten, sodass das Hop-On/Hop-Off an den fünf vorgeschlagenen Stationen ohne großen Zeitverlust geschieht.

1 Entsu-ji

Der auch Hyakkannon Tempel genannt Entsu-ji liegt nur ein kurzes Wegstück nördlich der Metrostation Minowa. Der Entsu-ji wurde 791, also zu Beginn der Heian-Zeit (ab 794 Kyoto als Kaiserstadt), von einem General gegründet. Nur wenig später ließ ein anderer General dort die Köpfe von 48 Gegnern bestatten, die er besiegt hatte. Dies ist vielleicht der Grund, warum 1868 bei der Zerstörung des Kanei-ji (Ueno-Krieg, vgl. Tour 14) auch die Toten eines Elite-Samurai-Regiments (Shogitai) hier bestattet wurden. Auch das Schwarze Tor des Kanei-ji wurde hierher gebracht und steht nun vor den Grabstätten. Geprägt aber wird der heutige Tempel von der hohen stehenden Kannon über dem Hondo.

2 Joyful Minowa

Joyful Minowa neben dem Beginn der Toden-Arakawa ist eine Shotengai, eine traditionelle (hier auch überdachte) Einkaufsstraße mit einer Fülle von kleinen Läden mit Lebensmittel und anderen Waren.

3 Miyanomae (SA10)

Unmittelbar an der Haltestelle liegt der **Ogu Hachiman-jinja** mit einem großen Torii an der Straße. Er ist dem Kriegsgott Hachiman gewidmet, der aber auch beruflichen Erfolg gewähren soll. Nur wenige Schritte weiter findet sich an einer Hausecke ein kleiner **Jizo-Tempel**.

Geht man vom Ogu-Hachiman-jinja weiter in Richtung Sumida-Fluss, so gelangt man zum ruhigen **Medakairu-ji**, einem kleinen buddhistischen Tempel mit vielen Jizos und einem Friedhof. Ferner gibt es zwei Besonderheiten: am Eingang des Friedhofs ein sitzender Amida-Buddha in Meditationshaltung und ein »nachdenklicher« Bodhisattva, der bedenkt, ob er die Lehre weitergeben soll.

Geht man vom Tempel aus weiter nach Norden, so gelangt man zum Ufer des Sumida.

4 Arakawa Amusement Park (SA12)

Zwei Stationen mit der Bahn weiter liegt, ebenfalls am Sumida-Fluss, der Arakawa Amusement Park. Schon von der Straßenbahnstation aus geht man durch einen Park, bevor man zum eigentlichen Vergnügungspark gelangt mit Riesenrad und anderen Fahrgeschäften.

»Nachdenklicher« Bodhisattva im Medakairu-ji

Für Erwachsene eher interessant ist zum einen ein alter Straßenbahnwagen am Eingang, der zum Café umgebaut wurde, zum anderen das **Shitamachi Toden Mini Museum** in einem Einfamilienhaus mit zwei Geschossen: Darin ist ein kleines Straßenbahn- und Eisenbahnmuseum mit einer Modelleisenbahn, vielen Fotos zu Zugtypen und anderen Exponaten. Geht man links vom Eingang des Amusement Parks ein wenig nach Norden, erreicht man den Funakata-jinja, einen kleinen, etwas verträumten Shinto-Schrein.

- Toden Mini Museum
- Oji-jinja

5 Oji-jinja (SA16)

Es geht mit der Straßenbahn vier Stationen weiter bis Oji-ekimae. Dort geht man unter der Eisenbahnunterführung durch und wendet sich nach rechts; ein wenig aufwärts liegt der Oji-jinja. Um das Jahr 1321 am Ende der Kamakura-Zeit wurde der Schrein gegründet. Aus dieser Zeit stammt auch der gigantische Ginkgo-Baum vor dem Honden. Der Schrein wurde zu einem der Schutzschreine im Norden von Edo-Castle. Im Zweiten Weltkrieg wurde viel zerstört, doch in den folgenden Jahrzehnten in traditioneller Bauweise wieder aufgebaut.

6 Asukayama Park

Unterhalb des Oji-jinja liegt ein Park mit drei Museen, darunter das Papiermuseum, welches nicht nur über die Herstellung von Papier informiert, sondern auch einige schöne Beispiele von handgeschöpftem japanischen Papier (washi) bietet. Es gibt auch einen Garten mit Pflanzen für die Papierherstellung. Dieses Museum wurde 1950 auf dem Gelände der ersten Papierfabrik in Japan gegründet, später in den Asukayama Park verlegt.

7 Nanasha-jinja

Südlich des Asukayama Parks liegt der ruhige Nanasha-jinja. Durch ein Torii aus weißem Granit gelangt man in den Hof. Rechts liegt eine Tanzbühne für religiöse Rituale, links ist ein Subschrein und geradeaus der Honden. Hohe Bäume, mit weißen Shide verziert, und Steinlaternen schmücken den Hof, dazu gibt es einen Ema-Ständer und weitere kleine Gerätschaften. Zum Nanasha-jinja kommen vor allem Frauen mit einem Kinderwunsch.

8 Sugamo Nakasendo-dori

Man fährt bis Koshinzuka (SA21) und geht im Stadtviertel Sugamo die Nakasendo-dori hinunter. Diese Einkaufsstraße richtet sich vornehmlich an älteres Publikum. Hier findet man allerlei Retrokram, Spezialwäsche und Arzneimittel. Am Anfang liegt links ein kleiner Schrein: der **Sugamo Sarutahiko Koshindo-jinja**. Er ist dem Kami Sarutahiko gewidmet, dem Kami der Stärke und der Wachsamkeit, Schutzpatron von Aikido. Zugleich wird dort Koshin gedacht: ein eigenartiger Volksbrauch, bei dem man alle 60 Tage eine Nacht wach bleibt, um zu verhindern, dass der Wurm Sanchi den Körper verlässt und dem Höllengott böse Taten berichtet.

9 Kogan-ji

1596 gegründet, werden hier vor allem Enmei Jizo Bosatsu und Arai-Kannon verehrt. Zu Jizo betet man hier um langes Leben – bei dem älteren Publikum in der Jizo-dori ein wichtiges Anliegen. Der Kannon wischt in gleicher Weise alle Beschwerden und Einschränkungen des Alters weg. Der Tempel gehört der Soto Zen Richtung an und wurde 1891 von Yushima hierhin verlegt.

10 Shinsho-ji

Bereits 724 gegründet, 1615 erneuert, gehört der Tempel mit dem großen sitzenden Jizo (einer der sechs Schutz-Jizos von Edo) der Shingon-shu an, einer esoterischen Richtung des Buddhismus.

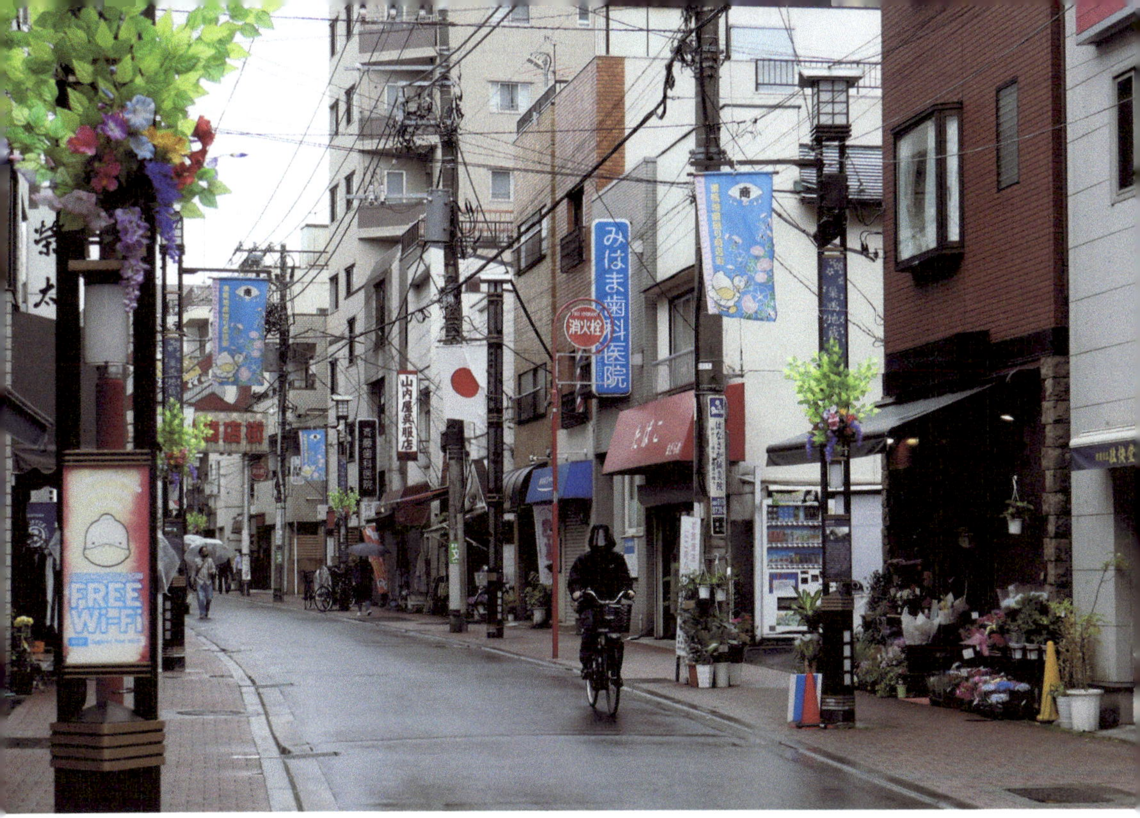
FREE Wi-Fi
みはま歯科医院
消火栓
山内屋呉服店

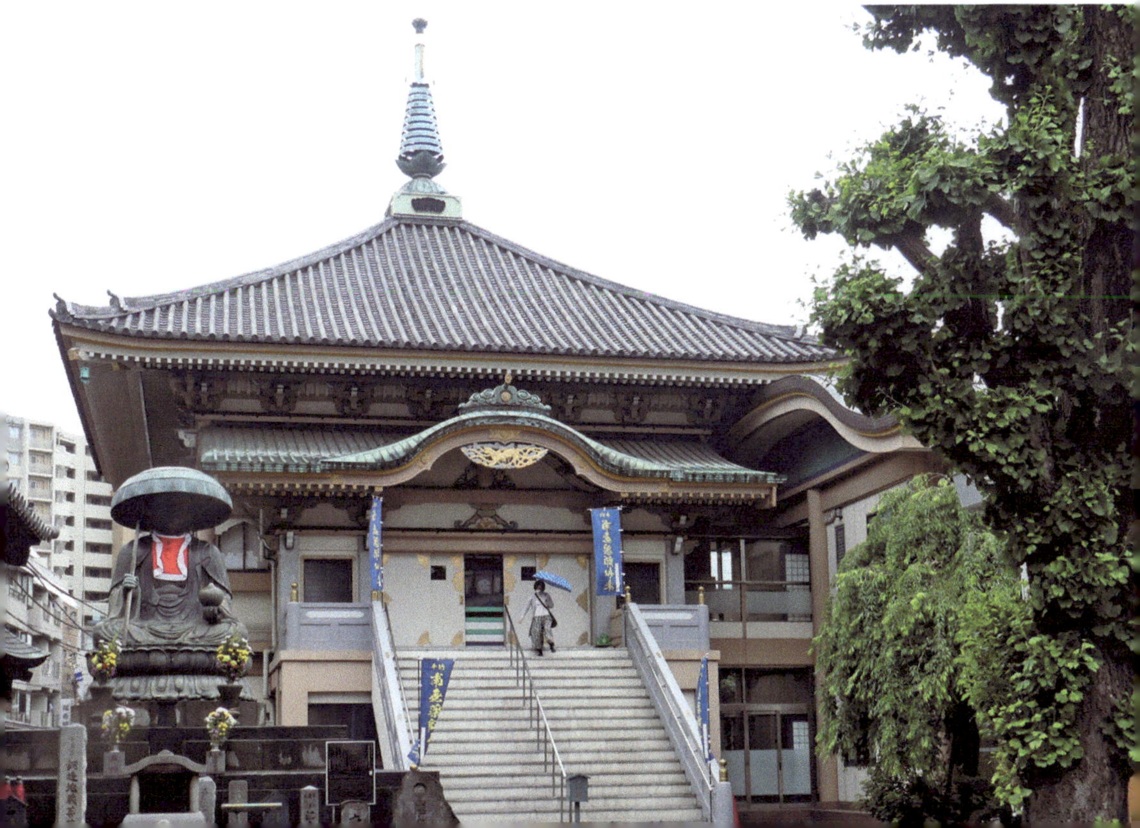

Waseda – Iidabashi (Tour 20)

***Ziele:* 1 Kanzenen – 2 Higo-Hosokawa Garten – 3 Eisei Bunko Museum – 4 Kodansha Museum – 5 Hotel Chinzanso – 6 St. Mary's Cathedral – 7 Gokoku-ji – 8 Printing Museum – 9 Tokyo Daijingu**

Tour 20 führt zu sehr unterschiedlichen Zielen: Es gibt drei schön gestaltete Gärten, drei Museen mit unterschiedlicher Ausrichtung, eine Kirche, einen buddhistischen Tempel und einen für Tokyo wichtigen Schrein. Den etwa 2,5 km langen Fußweg zwischen dem Gokoku-ji und dem Printing Museum kann man durch eine Fahrt mit der Yurakucho Metro von Gokokuji (Y11) bis Edogawabashi (Y12) abkürzen.

1 Kanzenen

Von der Metrostation Nishi-Waseda liegt der kleine, rund um einen Teich gestaltete Garten etwa 900 m entfernt. Er hat seinen Namen

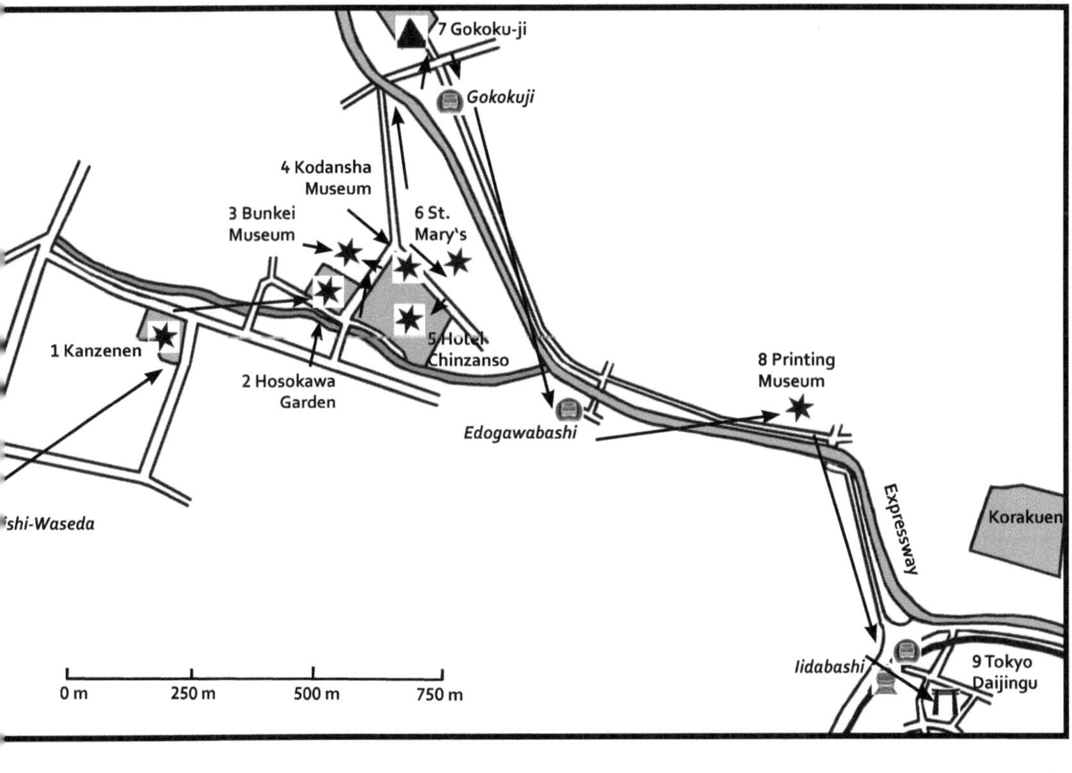

Beginn:
• Nishi-Waseda
  (F11 Fukutoshin)
Ende:
• Iidabashi
  (E06 Oedo,
  T06 Tozai,
  Y13 Yurakucho,
  N10 Namboku)

Seite 146:
• Higo-Hosokawa
  Garten
• St. Mary's
  Cathedral

(»Süße-Quelle-Garten«) von einer Quelle, die im Südosten des Gartens sprudelt.

2 Higo-Hosokawa Garten

Etwa 700 m Fußweg entfernt liegt der zweite Garten: In der Edo-Zeit war er Besitz verschiedener Adelsfamilien, die mit dem Shogun verbunden waren, zuletzt der Familie Hosokawa. Ab 1961 wurde der Garten der Öffentlichkeit zugänglich gemacht. Es ist ein Wandelgarten, in dem ebenfalls eine Quelle den Teich speist, doch dieser Garten ist größer als der Kansenen und wird auch stärker besucht.

3 Eisei Bunko Museum

Geht man vom Hosokawa Garten ein wenig nach Osten und dann einen schmalen Fußweg nach links hoch, so erreicht man auf der linken Seite das 1950 gegründete Hosokawa Museum. In der Edo-Zeit hatte die Hosokawa-Familie aus Kumamoto (Südinsel Kyushu) erheblichen Einfluss. Die Mitglieder das Familie sammelten zudem über Generationen hinweg japanische Kunst. Ein Mitglied der Familie machte 1972 diese Sammlung der Öffentlichkeit zugänglich. Sie umfasst 112.000 Objekte, von denen im Haus der Hosokawa eine wechselnde Auswahl gezeigt wird: Schwerter und Rüstungen, Bilder und Kalligrafie, Keramik und Lackwaren, Skulpturen ... Der Name des Museums setzt sich aus Silben zusammen, die auf den Familientempel der Hosokawa (»ei«) und auf die erste Festung der Familie (»sei«) verweisen.

4 Kodansha Museum

Der größte Verlag Japans, Kodansha Publishing Company, stiftete anlässlich seines 90-jährigen Bestehens dieses Museum in der Residenz

• Kanzenen, »süße Quelle«
• Higo Hosakawa Garden
• Eisei Bunko Museum

des früheren Besitzers Sawako Noma. Dessen Kunstsammlung umfasst vor allem moderne japanische Kunst, aber auch 6.000 Shikishi. Das ist ein spezielles japanisches Zeichenpapier für Malerei und Holzschnittdruck.

5 Hotel Chinzanso (Japanischer Garten)

Das Hotel Chinzanso ist ein 5-Sterne-Luxus-Hotel. Wie andere Hotels dieser Qualität (etwa New Otani, vgl. Tour 9) besitzt auch dieses Haus einen wunderschön an einem Hang gelegenen Garten von sieben Hektar Größe, welcher der Öffentlichkeit zugänglich ist (durch die Hotellobby). Dieses einer Fürstenfamilie gehörende Gelände war schon in der Edo-Zeit eine große Gartenanlage, Kamelienhügel genannt; »Chinzanso« bedeutet »Teehaus auf dem Kamelienhügel«. Heute zeichnet sich der Garten durch eine Vielzahl von alten Statuen aus, die an wichtigen Stellen des Gartens platziert sind.

6 St. Mary's Cathedral

1899 wurde die erste Kathedrale in Tokyo im gotischen Stil aus Holz gebaut. Sie wurde durch die Bomben des Zeiten Weltkriegs zerstört. Unter der Leitung des Stararchitekten Tange Kenzo wurde 1963-1964 eine neue Kathedrale errichtet. Der imposante 40 m hohe Bau besteht aus mit Stahl verkleideten Betonschalen, die zusammen ein Kreuz ergeben (Foto Seite 146). Auf dem Gelände der Kathedrale sind weitere Bauten: ein Gemeindezentrum, die Gebäude der koreanischen Seelsorge (Südkoreaner sind zu einem Drittel christlich), das Haus des Erzbischofs und ein weiteres für Priester. Auch gibt es einen Kindergarten und ein Haus der Caritas. In der Erzdiözese Tokyo leben etwa 100.000 Katholiken in 76 Pfarreien.

• Hotel Chinzanso und Garten
• Glücksgott Ebisu im Chinzanso
• Wächter im Gokoku-ji

Das kleinste Buch
der Welt:
• Guiness Rekord
• Inhalt
• fertiges Produkt
durch Vergröße-
rungsglas

Seite 151:
• Printing Museum
im Toppan
Verlagshaus
• Linotype-
Druckmaschine
• Tokyo Daijingu,
Haiden

7 Gokoku-ji

Etwa einen Kilometer nördlich der Kathedrale liegt auf einem Hügel ein buddhistischer Tempel: Der Shingon-shu Tempel wurde 1681 auf Anordnung des fünften Tokugawa-Shoguns erbaut. Mehrere Tore (Niomon, Furomon, Somon) führen zum Hondo und zur Abtsresidenz. Im Hondo, der Haupthalle, wird ein Kannon verehrt.

8 Printing Museum

Der 1900 gegründete Druckereikonzern Toppan Insatsu wurde vor allem durch Werbedruck für die Wirtschaft bekannt. Nach dem Krieg druckte er auch die japanischen Geldscheine und Briefmarken. Im Untergeschoss seines Bürohochhauses im Stadtbezirk Bunkyo befindet sich das Printing Museum, welches drei Schwerpunkte setzt: die Geschichte der Druckerei in Japan, die Geschichte der Druckerei weltweit, die Technik der Druckerei durch die Zeiten hindurch. Dabei wird auch deutlich, welchen Einfluss Druckerzeugnisse auf Politik, Gesellschaft, Wirtschaft, Kultur und Religion hatten und haben. In einem Druckhaus kann man die alte Setztechnik mit Setzkästen nachvollziehen. Sonderausstellungen zu unterschiedlichen Themen ergänzen die Dauerausstellung. Ein Museum Shop und eine Bibliothek sind ebenfalls integriert. Im Toppan Verlag wurde das kleinste Buch der Welt (Flowers of the four seasons, 20 Seiten) mit 0,74x0,75 mm gedruckt. In Europa wird meist ein Buch der Gutenberg-Stiftung mit 5x5 mm als kleinstes Buch angegeben.

9 Tokyo Daijingu

Der Daijingu, etwas südlich von Koishikawa Korakuen und Tokyo Dome City im Stadtteil Iidebashi, ist einer der fünf bedeutendsten Shinto-Schreine in Tokyo. Die anderen sind: Meiji-jingu (Tour 6), Yasakuni-jingu (Tour 1), Hie-jinja (Tour 9) und Okunitama-jinja in Fuchu westlich der 23 Wards. Im Shinto ist besonders der Große Schrein von Ise (Mie Präfektur) von Bedeutung, der kaiserliche Schrein, in dem Amaterasu verehrt wird, die Sonnengöttin und Ahnmutter des japanischen Kaiserhauses und des japanischen Volkes. Dorthin pilgern jedes Jahr Millionen Pilger. Weil nicht alle diese mühsame Pilgerfahrt unternehmen konnten, entschied der Meiji-Kaiser 1880, dass ein Schrein gebaut werden sollte, der diese Ise-Pilgerfahrt ersetzen kann. Dies ist der Tokyo Daijingu, der zuerst im Stadtviertel Hibiya lag und erst 1924 nach dem Kanto-Erdbeben hierhin verlegt wurde. Heute gilt der Schrein als Gebetsstätte für Liebende.

TOPPAN

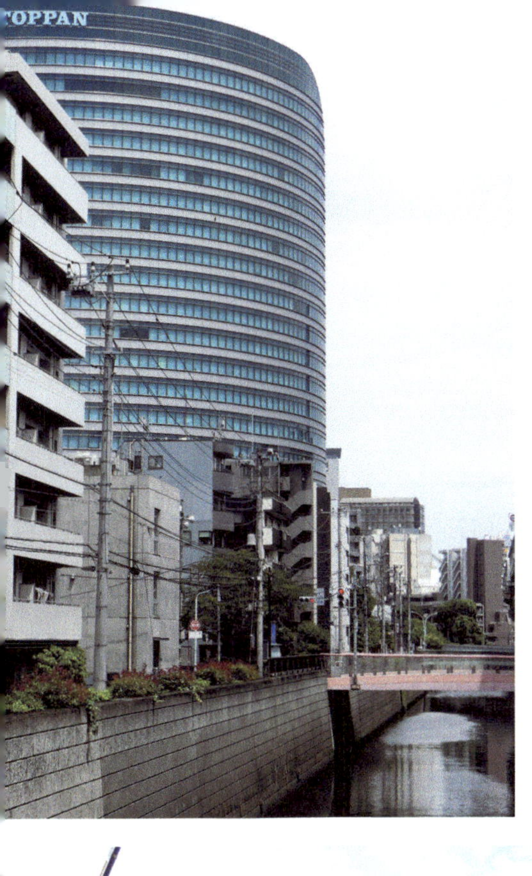

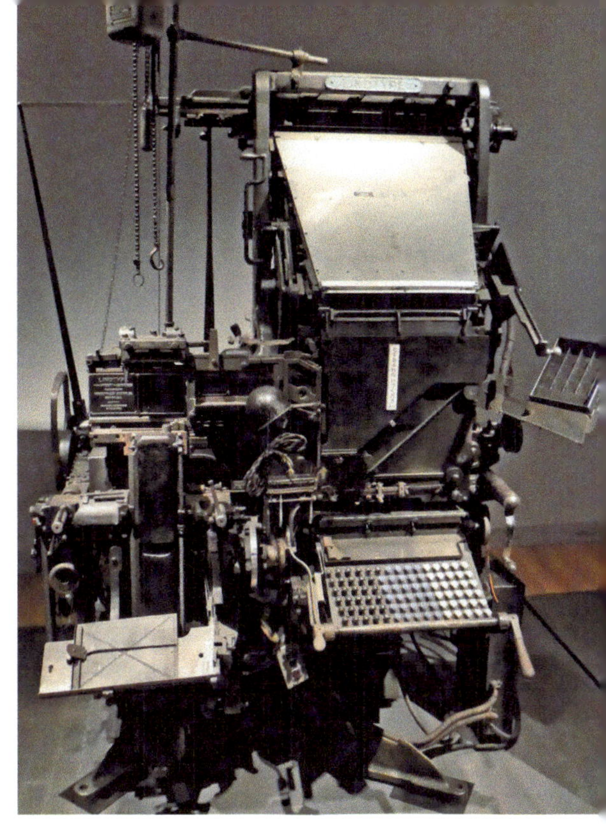

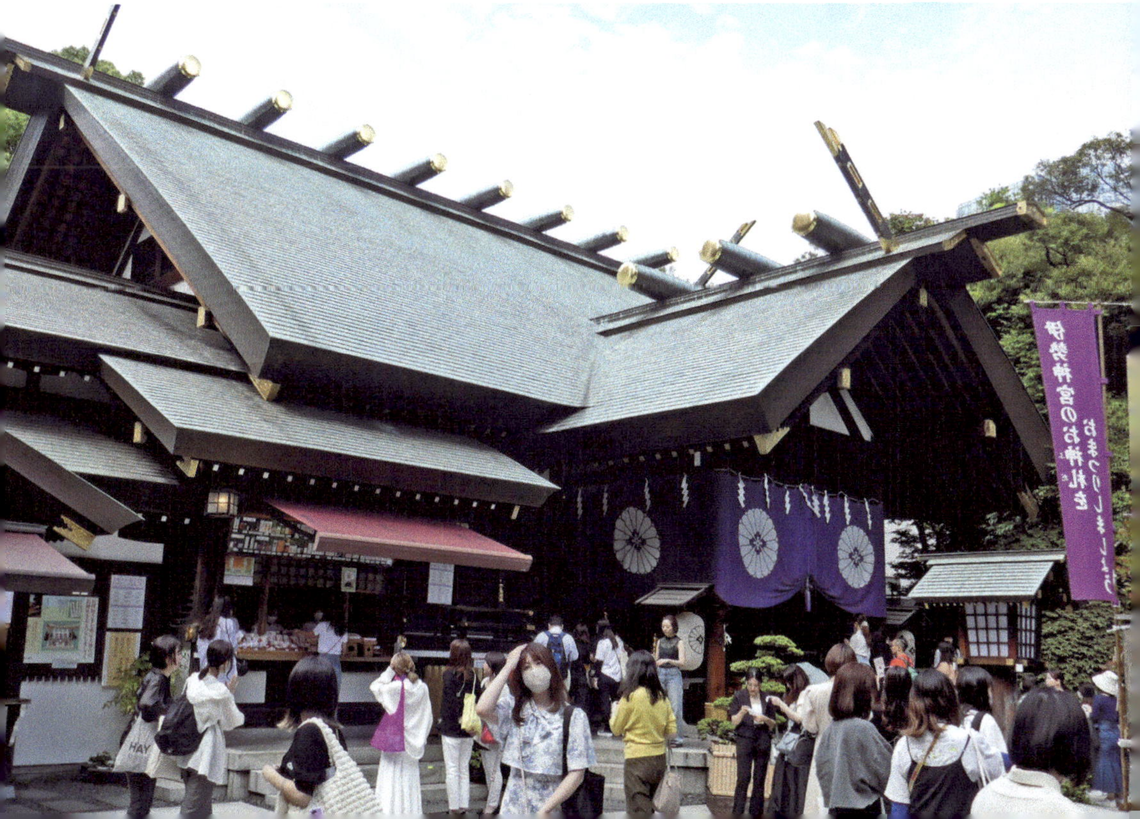
伊勢神宮のお神札を
おまつりしましょう

朱印所

檜前浜成
竹成兄弟

Asakusa (Tour 21)

Ziele: 1 Senso-ji – 2 Asakusa-jinja – 3 Sumida Park –
4 Matsuchiyama Shoden – 5 Imado-jinja – 6 Chokoku-ji und Otori-
jinja – 7 Edo Taito Traditional Crafts Center – 8 Trommelmuseum

Beginn:
• Asakusa
  (G19 Ginza,
  A18 Asakusa)
Ende:
• Asakusa Tsukuba

Seite 152:
• Senso-ji, Honden
• Fischer bergen
  die Kannonstatue

Das Stadtviertel Asakusa im Stadtbezirk Taito besitzt mit dem Senso-ji und dem angegliederten Asakusa-jinja eine der bedeutendsten Sehenswürdigkeiten der Stadt. Doch kennt das Viertel auch viele weitere lohnende Ziele, die auf dieser Tour angesteuert werden.

1 Senso-ji

Geht man von der Metrostation Asakusa (nicht der gleichnamigen Tsukuba-Station) nach Westen, kommt man zuerst zu einem Gebäude mit eigenwilliger Architektur: Das **Asakusa Culture Tourist Information Center** von 2012, gebaut aus Holz und Glas, sieht aus, als hätte man unterschiedliche Häuser aufeinander gestapelt. Im Erdgeschoss ist das Tourist Büro mit Informationen über Asakusa. Im 8. Geschoss ist ein Café und eine Aussichtsplattform, von der aus man einen guten Blick über den Senso-ji hat.

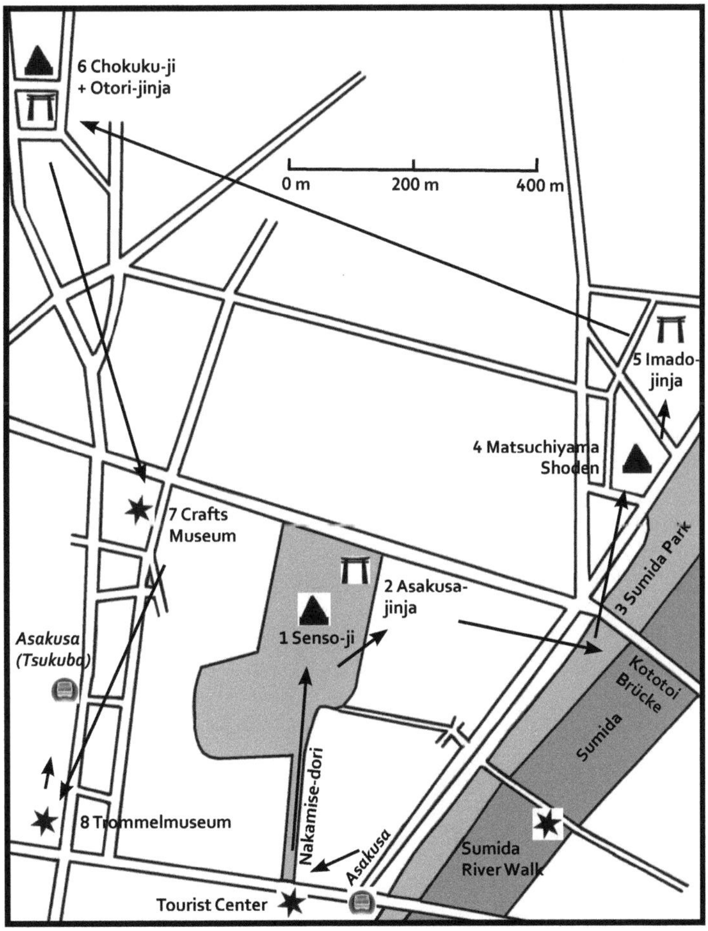

Direkt gegenüber ist das **Kaminarimon** (Donnertor), das große Ein-

gangstor zum Senso-ji mit einer überaus großen Laterne im Durchgang, dazu Statuen von Fujin (Windgott) und Raijin (Donnergott), die hier die Wächter am Beginn der Prozessionsstraße sind. Hinter dem Tor beginnt noch nicht der Tempel, sondern hier ist zuerst die **Nakamise-dori**, eine Prozessionsstraße, heute aber Einkaufsstraße mit Buden an beiden Seiten, die neben traditionellem Kunsthandwerk und Tempelbedarf auch allerlei Souvenirs bieten. Ein wenig weiter ist links der nicht zugängliche Denboin mit der Wohnung des Abtes. Doch dann erreicht man das Hozomon, das große Prachttor mit dem eigentlichen Zugang zum Tempel. In der Nakamise und im Tempelvorhof und Tempel selbst ist immer Betrieb, 20 Millionen Besucher zählt der Senso-ji jedes Jahr.

Der Tempel geht zurück auf eine Legende: Im Jahr 628 holten zwei Fischer eine kleine goldene Kannon-Statue aus dem Wasser, des Bodhisattva der Barmherzigkeit. Ein Landbesitzer stiftete das Gelände des heutigen Senso-ji, 645 wurde der erste Tempel gebaut, danach immer wieder erneuert. Auch beim Kanto Erdbeben und im Zweiten Weltkrieg wurde der Tempel zerstört, die meisten der heutigen Bauten sind aus dem Jahr 1958.

In der Haupthalle (Hondo, Foto Seite 152) wird der kleine Kannon aufbewahrt, ist aber nicht sichtbar. Es gibt eine Reihe weiterer Bauten im Senso-ji: Die bereits 942 erstmalig errichtete fünfstöckige Pagode wurde 1973 erneuert. Im obersten Stockwerk ist eine Buddha-Reliquie aus Sri Lanka untergebracht. Westlich des Hondo sind ein kleiner Tempel für Yakushi-

• Asakusa Culture Tourist Information Center
• Kaminarimon
• Nakamise-dori in Richtung Hozomon und Hondo

Nyorai, den Medizinbuddha, die Yogodo Halle mit acht Buddhas, die Awashimado Halle mit dem (shintoistischen!) Kami Awashimado und einem Amida-Buddha (Japan = Durcheinanderreligion). Mehrere schöne Buddhastatuen sind auf dem Gelände ebenso zu finden wie die übliche Galerie von Sakefässern rechts vom Hondo. Im Osten ist das prächtige Nitenmon mit zwei Göttern als Wächter.

2 Asakusa-jinja

Untrennbar verbunden mit dem Senso-ji ist in der Nordostecke der Asakusa-jinja (Senso und Asakusa schreiben sich mit dem gleichen chinesischen Zeichen, nur die Aussprache ist einmal chinesisch, einmal japanisch). Das heutige Schreingebäude ließ der Shogun Tokugawa Iemitsu 1649 errichten. Hier gibt es auch eine Halle für die drei großen Trageschreine (Mikoshi), die bei der Sanja Matsuri durch das Stadtviertel getragen werden, dazu eine Bühne für rituelle Tänze und Musik.

Der Asakusa-jinja ist der Ausgangspunkt der Prozessionen der Sanja Matsuri, des größten Shinto-Festes Japans (vgl. zu Matsuri Seite 30f. und zur Kanda-Matsuri Seite 136f.). Das Festival beginnt am 3. Wochenende im Mai bereits am Donnerstag mit einem ersten Ritual, bei dem die Asakusa-jinja Priester die Kami in die drei Mikoshi (Trageschreine) bewegen. Am Freitag gibt es im Schrein eine Parade und traditionelle Tänze. Am Samstag ziehen nach einem Ritual über 100 Trageschreine aus den 44 Vierteln Asakusas zur Kannon des Senso-ji. Dort verneigen sich die Mikoshi vor dem Kannon – wieder Durcheinanderreligion. Sonntags werden dann die drei großen Mikoshi des Asakusa-jinja durch das Stadtviertel getragen – unter großer Anteilnahme der Bevölkerung.

Senso-ji und Asakusa-jinja:
• Hozomon
• Pagode
• Bühne im Schrein mit Musikgruppe

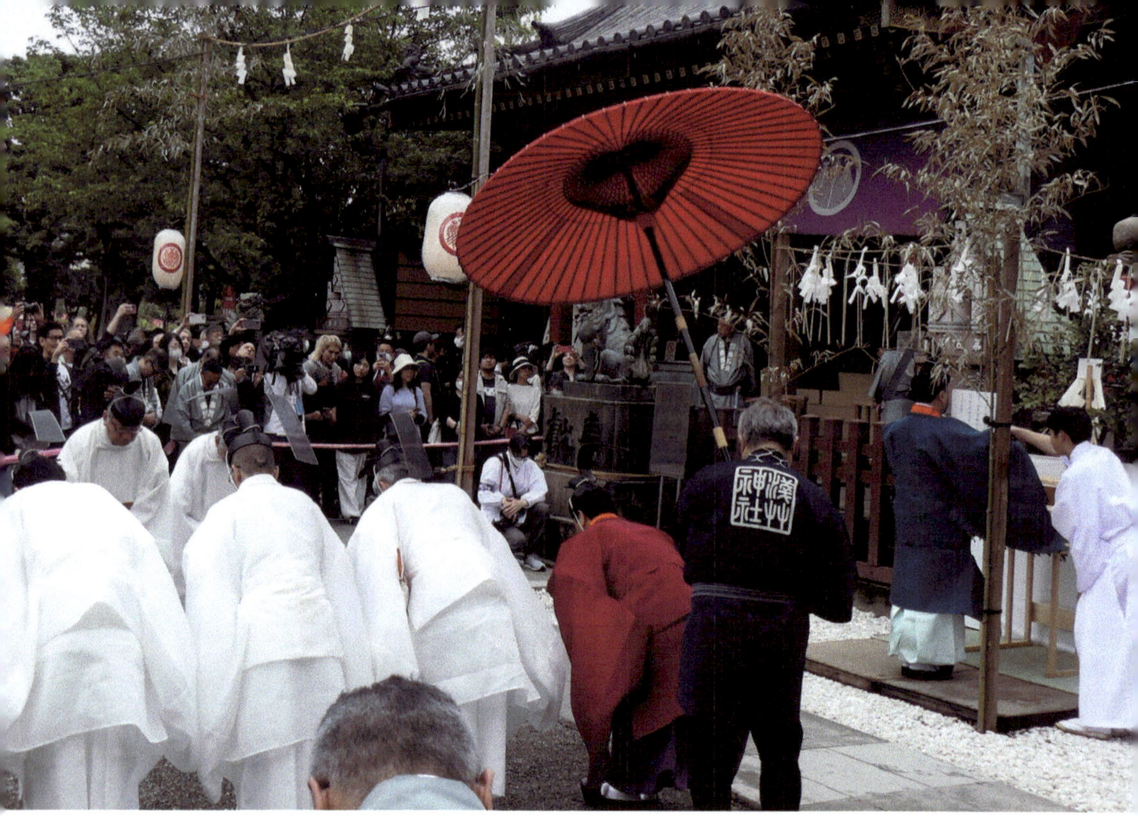
浅草神社

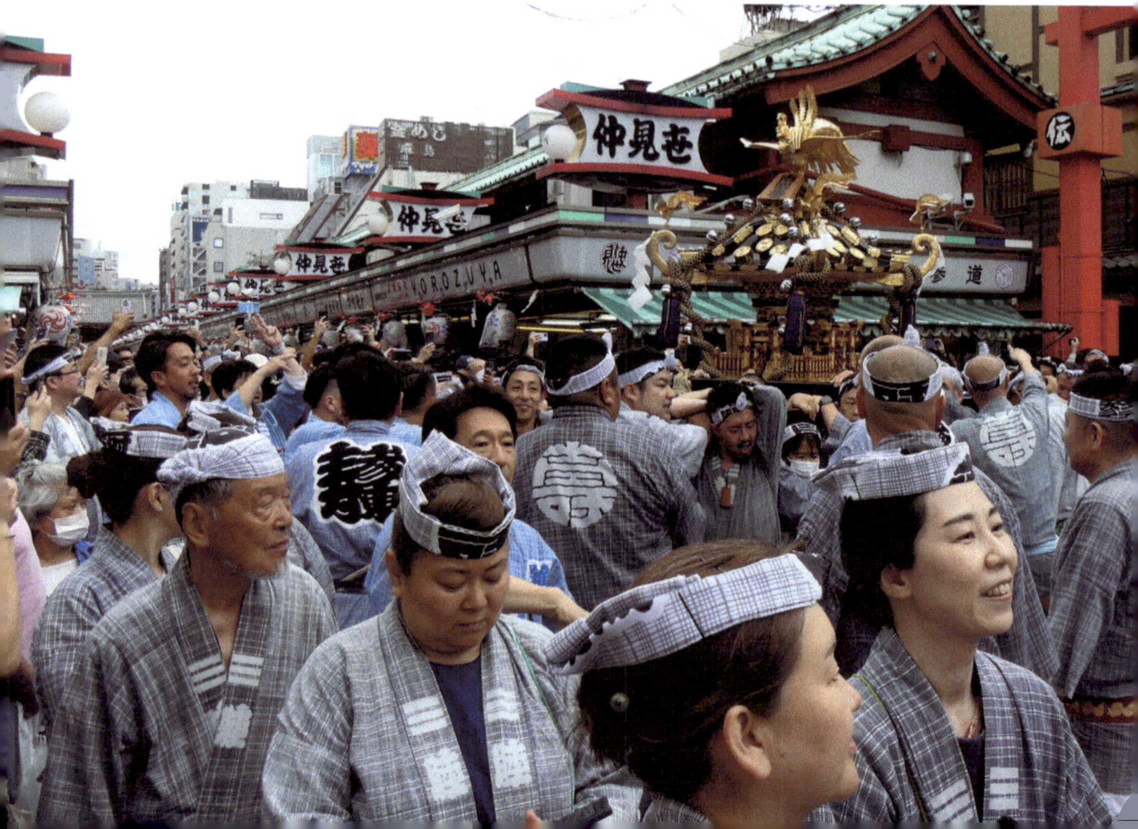
仲見世
仲見世
仲見世
YOROZUYA
参道
伝

3 Sumida Park

Durch das Nitenmon unmittelbar südlich des Asakusa-jinja geht man nach Osten zum Sumida-Fluss. Dort sieht man auf der anderen Seite im Stadtbezirk Sumida den Skytree (Tour 22) und die **Asahi-Brauerei** (der Büroturm soll ein Bierglas mit Schaum oben darstellen) mit ihrer goldenen Flamme. Eine Fußgängerbrücke neben der Metrobrücke wird Sumida River Walk genannt. Der Sumida Park erstreckt sich nach Norden und hat verschiedene Freizeitangebote. Etwa 600 m weiter erreicht man einen ungewöhnlichen Tempel:

4 Matsuchiyama Shoden

Im Subtempel des Senso-ji (Tendai-shu) werden ein elfköpfiger Kannon und ein Dainichi Nyorai (Vairocana-Buddha) verehrt. Die Legende erzählt, dass im Jahr 595 hier ein Hügel aufgebrochen sei, ein goldener Drache sei erschienen und Kangi-ten (»Gott der Freude«, hinduistisch: Ganesha) schütze seitdem dieses Gebiet. Im Tempel fallen große Rettiche auf, die hier als Opfergaben dargebracht werden. Rettich neutralisiert Giftstoffe im Körper, deshalb werden diese Pflanzen als göttliche Geschenke verstanden. Die Besucher des Tempels opfern die Daikon, japanische Rettiche, die zum Gott Kangi-ten nach alter Tradition gehören. Solche Rettiche sind wegen ihrer Schärfe ein Symbol für Reinheit, wegen ihrer Form ein Symbol für Männlichkeit. Deshalb kommen viele junge Paare in diesen Tempel und bitten um eine gute Ehe und um Nachwuchs.

5 Imado-jinja

In diesem etwas hinter Wohnhäusern versteckten Schrein wird das Götterpaar Izanagi und Izanami verehrt, die Urgötter des japanischen Schöpfungsmythos. Als Symbol für dieses gött-

• Sumida Fluss und Skytree
• Asahi Brauerei
• Rettiche im Matsuchiyama Shoden
• Manekineko im Imado-jinja

Seite 156: Sanja Matsuri
• Ritual im Asakusa-jinja
• Viertelschrein in der Nakamise-dori

liche Ehepaar stehen jeweils zwei Manekineko, Winkekatzen, zusammen (vgl. zu Manekineko Seite 186ff., Gotoku-ji). Dementsprechend kommen vor allem junge Frauen gerne zu diesem Schrein, um für eine gute Partnerwahl und um Kinder zu beten.

6 Chokoku-ji und Otori-jinja (Vogel Schrein)

1630 gegründet, ist der Tempel **Chokoku-ji** dem Mönch Nichiren geweiht, dem Reformer des 13. Jahrhunderts. Er liegt direkt neben dem Otori-jinja und war früher mit ihm verbunden. Erst durch die Meiji-Reform wurden die buddhistischen und shintoistischen Stätten weitgehend getrennt, so auch hier. Doch nach wie vor findet an beiden Orten im November ein großer gemeinsamer Markt statt.

Der Otori-Schrein neben dem Chotoku-ji wurde 1649 gegründet und ist ein Subschrein des Asakusa-jinja. Deshalb werden hier auch die drei Männer verehrt, deren Kami im Asakusa-jinja eingeschreint sind: die beiden Bauern, welche die goldene Kannon-Statue gefunden haben, und der Landbesitzer, der das Land für den ersten Senso-ji stiftete. Man betritt den Schrein durch mehrere teils auffallend geschmückte Torii. Beim Schreinfest im November werden kleine Talismane ausgegeben, die wie Rechen geformt sind und Glück bringen sollen.

7 Edo Taito Traditional Crafts Center

Auf dem Weg nach Süden gelangt man in die **Senzoku-dori**. In der frühen Edo-Zeit waren hier Reisfelder, »Senzoku« sind die geernteten Reisbündel. Später wurde die Straße ein Teil des Yoshiwara-Rotlichtviertels. Heute ist hier eine überdachte Einkaufsstraße mit vielen Geschäften, Restauration und buntem Leben. Bei der Sanja Matsuri tragen einige Bruderschaften ihren Viertel-Mikoshi auch durch diese Straße auf dem Weg zum Senso-ji.

In der Senzoku-dori liegt das Handwerkszentrum **Edo Taito Traditional Crafts Center** mit traditionellem Kunstgewerbe der unterschiedlichsten Richtungen. Am Wochenende arbeiten hier auch verschiedene Kunsthandwerker, denen man dann zusehen kann. An anderen Tagen gibt es auf zwei Geschossen eine Ausstellung und auch die Möglichkeit zum Kauf von Bildern, Schnitz- oder Lackarbeiten, von Kupfer- und Silberware, handgemalten Papierlaternen und vielem anderen mehr.

8 Trommelmuseum (Taikokan)

Japan ebenso wie Korea ist bekannt für seine Trommeln und Konzertaufführungen nur mit Trommelmusik. Dabei werden vor allem dicke Fasstrommeln (japanisch Taiko = dicke Trommel) verwendet. Solche Trommeln gehören zu allen schamanistischen Religionen, sind also auch im Shinto in großen Schreinen anzutreffen. Doch auch der Buddhismus kennt parallel zum Glockenturm einen Trommelturm – Glocke und Trommel gliedern dort den Tagesablauf der Mönche. Im No-Theater werden Trommeln zur Untermalung der Szenen genutzt; die Samurai brauchten Taikos zur Zermürbung der Gegner und um die eigenen Krieger in einen Rausch zu versetzen.

Das kleine **Trommelmuseum** (Taikokan) südlich des Bahnhofs Asakusa (nicht Metro, sondern Tsukuba Linie) besteht aus einem Laden im Erdgeschoss, in dem man Trommeln und Zubehör erwerben kann, und einem doppelten Ausstellungsraum im 4. Geschoss. Dort sind Trommeln aus unterschiedlichen Kulturen ausgestellt, sodass man einen guten Überblick gewinnt.

• Handwerker im Crafts Museum
• Drachentrommel im Taikoban

Sumida (Tour 22)

*Ziele: 1 Skytree und Skytree Plaza – 2 Skytree Planetarium –
3 Sumida Aquarium – 4 Soyokaze Hiroba Park – 5 Ushiyama-jinja –
6 Sumida River Walk*

Diese Tour konzentriert sich auf Skytree und Skytree Plaza mit den unterschiedlichsten Unterhaltungsmöglichkeiten. Dafür kann man mindestens einen halben Tag einplanen. Danach geht es dann gemütlich durch den Soyokaze Park mit dem interessanten Ushiyama-jinja und über die Brücke (Sumida River Walk) zurück nach Asakusa. Je nach Zeit und Interesse kann man noch einmal zum Senso-ji und Asakusa-jinja gehen (Tour 21).

1 Skytree und Skytree Plaza

Mit 634 Metern ist der Skytree der höchste Fernsehturm der Welt und zur Zeit nach dem 828 m hohen Burj Khalifa Wolkenkratzer im Emirat Dubai das zweithöchste Gebäude der Welt. Er besteht aus dem zwischen 2008–2012 erbauten Turm selbst und einem großen mehrgeschossigen Einkaufs- und Unterhaltungszentrum (Plaza) mit u.a. einem Planetarium, dem Sumida Aquarium, einem Biermuseum und vielen anderen Angeboten. Erschlossen wird der Skytree durch zwei Bahnhöfe: Metro (Oshiage) und Zug (Skytree). Die Höhe des Turms wurde mit 634 m festgelegt, weil die japanischen Zahlen 6 – 3 – 4

Beginn:
• Oshiage
  (Skytree)
  (A20 Asakusa,
  Z14 Hanzomon)
oder:
• Skytree
  (Tobu Skytree
  Line)
Ende:
• Asakusa
  (G19 Ginza,
  A18 Asakusa –
  unterschiedliche
  Bahnhöfe!)

*Seite 160:
Skytree vom
Soyokaze Hiroba
Park aus*

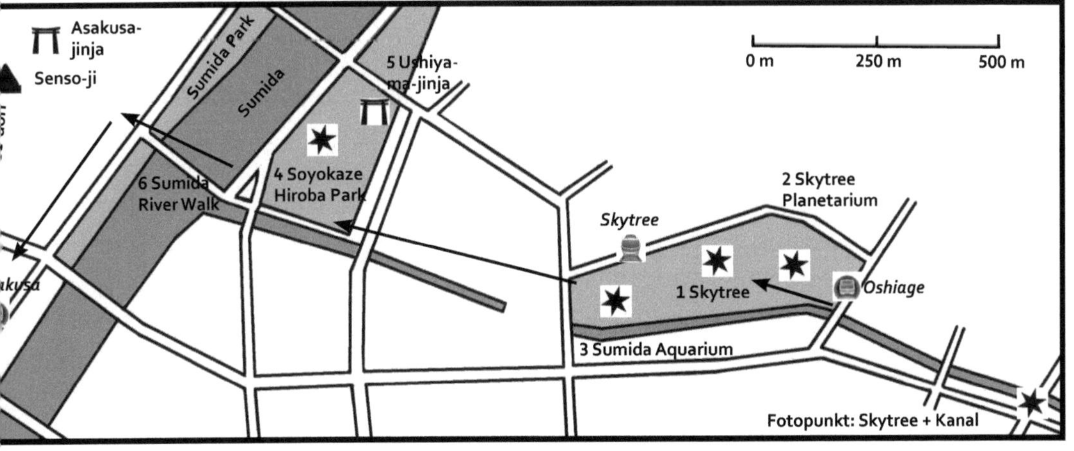

Ushiyama-jinja

(verkürzt »musashi«) einen alten Namen für die Region Tokyo erinnern. Vom 5. Geschoss aus kann man das Tembo Deck in 340-350 m Höhe erreichen, das bereits einen kaum zu beschreibenden Ausblick auf die weithin westlich des Turms liegende Metropole bietet. Noch höher, auf 445-450 m, geht es zur Tembo Galerie. Der Turm ist durch eine besondere Fundamentierung mit über 50 m tiefen Stahlplatten und durch Öldämpfer in verschiedenen Höhen erdbebensicher. 37.000 Stahlelemente ergeben die äußere Struktur, innen ist eine Stahlbeton-Konstruktion.

2 Skytree Planetarium

Im 7. Geschoss der Skytree Town östlich des Turms ist das Konica Minolta Planetarium Tenku, teuer, aber interessant.

3 Sumida Aquarium

Geht man vom Eingang des Skytree nach Westen (5. Obergeschoss) der Plaza kommt man zum Aquarium. Auf zwei Geschossen sind nicht nur vielen Fische und Quallen, sondern auch Pinguine und Seehunde – alle schön präsentiert.

4 Soyokaze Hiroba Park

Auf der westlichen Seite des Sumida-Flusses liegt der Sumida Park (Seite157), auf der Ostseite ist ein weiterer Park. Hier finden auch kulturelle Veranstaltungen (Konzerte ...) statt.

5 Ushiyama-jinja

Im nördlichen Bereich des Soyokaze Parks liegt unter hohen Bäumen versteckt der Ushijima Schrein. Der Name »Ushi« bedeutet Ochse – in diesem Schrein sind nicht Füchse wie bei der Reisgöttin Inari, Affen oder Löwen die Wächtertiere, sondern Ochsen, die Schutz geben sollen. Der Schrein geht wahrscheinlich auf das 9. Jahrhundert zurück. Er überstand das große Kanto-Erdbeben von 1923 und das Flächenbombardement des Zweiten Weltkriegs, sodass sich hier ein Schrein in alter Form zeigt. Auffällig, weil extrem selten in dieser Form, ist das ungewöhnliche Torii: Das hohe Haupttor hat rechts und links ein kleineres angehängtes Torii, sodass sich wie in buddhistischen Zen-Tempeln (vgl. 30 in Kamakura) ein Sanmon, ein Dreitor, ergibt. Links des Hauptgebäudes mit Haiden (Verehrungshalle) und Honden (Heiligtum) gibt es ein Kaguraden, eine Bühne für rituellen Tanz.

6 Sumida River Walk

Seite 163:
Blick vom Skytree
• nach Azubudai,
Toranomon Hills
und Roppongi
(links Tokyo Tower)
• nach Asakusa,
Senso-ji,
vor der Pagode
das Hazomon,
rechts Hondo

Ryogoku (Tour 23)

Ziele: 1 Edo Tokyo Museum – 2 Hokusai Museum – 3 Origami Museum – 4 Yokoamicho Park mit Yokoami Open Gallery – 5 Kyu Yasuda Teien – 6 Schwertmuseum – 7 Eko-in

Beginn und Ende:
• Ryogoku (Metro)
  (E12 Oedo)
oder
• Ryogoku
  (JB21 Chuo-Sobu)

Der Stadtteil Ryogoku im Stadtbezirks Sumida ist die Heimat des Sumo-Kampfsports. Doch gibt es hier auch einige bedeutende Museen und dazu eine erschütternde Gedenkstätte für die Opfer des großen Kanto-Erdbebens von 1923 und des Zweiten Weltkriegs. Ein schön gestalteter japanischer Garten und ein buddhistischer Tempel mit Menschen- und Tiergräbern (!) runden den Eindruck von Ryogoku ab.

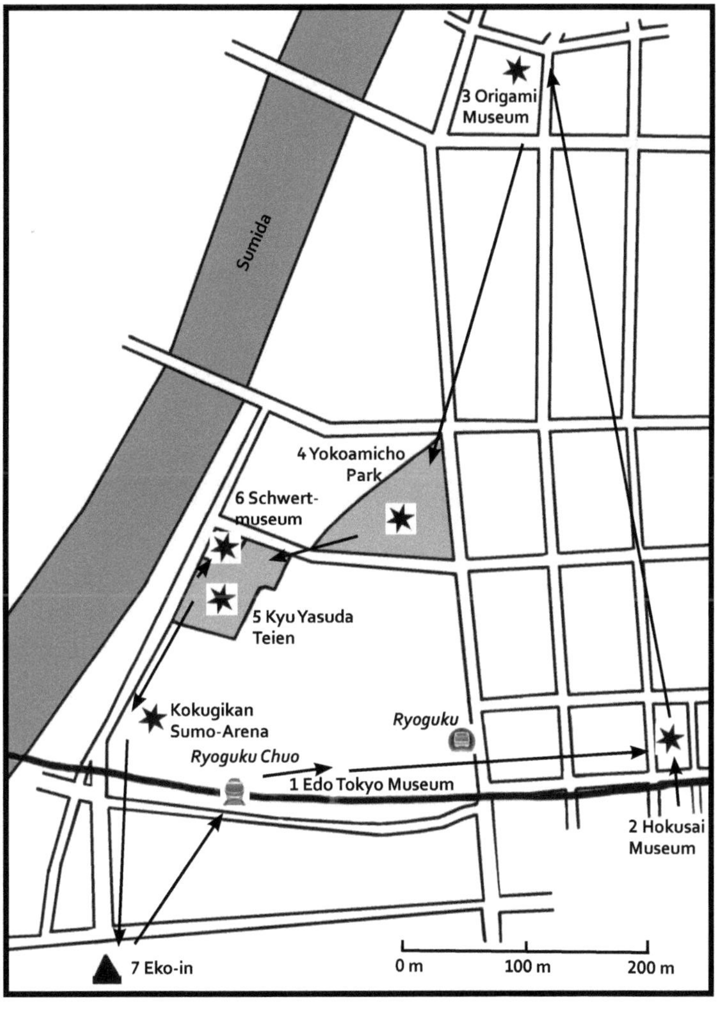

1 Edo Tokyo Museum
Unmittelbar östlich von Ryogoku Station liegt der ungewöhnliche Bau des Museums, das mit seinen Exponaten die Zeit von Edo und den Übergang von Edo nach Tokyo deutlich werden lässt. Es geht um das alltägliche Leben der Menschen in dieser Metropo-

Seite 164:
• Edo Tokyo Museum
  von Ryogoku (Chuo) aus
• Hokusai Museum

le, aber auch um Architektur, Politik, Wirtschaft und Kultur. Rekonstruktionen von Gebäuden und der Nihonbashi, dem Kilometer-Nullpunkt, lassen die alte Zeit von Edo/Tokyo lebendig werden. Zur Zeit wird das Haus von Grund auf renoviert und ist deshalb bis 2025 geschlossen.

2 Hokusai Museum Sumida

Der herausragend gestaltete viergeschossige Bau von 2016 zeigt das Wirken und die schönsten Werke des im Westen wohl bekanntesten japanischen Künstlers: Katsushika Hokusai (1760-1849) wurde bekannt durch seine Darstellungen von Bildern des Ukiyo-e (Bilder der fließenden, vergänglichen Welt), die nicht mehr nur Adel oder Landschaft zeigen, sondern das Leben der einfachen Leute mit ihren Freuden und Belastungen. Bekannt wurde Hokusai vor allem durch die Farbholzschnittreihe »36 Ansichten des Berges Fuji« (1829-1833). Diese Farbholzschnitte, aber auch Bilder seiner anderen Schaffensperioden, zudem ein Modell seines Ateliers, werden in diesem Museum zugänglich gemacht.

Hokusai ist ein schwer zu fassender Künstler. Nicht nur wechselte er 30 mal seinen Namen, er lebte auch an 100 verschiedenen Orten. Er gilt nicht nur als der bedeutendste Holzschnitzer, sondern arbeitete auch mit vielerlei anderen Maltechniken. Unter anderem werden durch Hokusai erstmals Mangas verbreitet, schnelle, oft karikierende Skizzen und Zeichnungen, meist in Schwarz-Weiß, die einen Meilenstein in der Entwicklung der heute so beliebten Mangas (und Anime-Filme) darstellen.

• Atelier von Hokusai, im Museum nachgestellt
• im Origami Museum
• Yokoami Gallery, Nakamise-dori nach Brand 1923 (vgl. Foto Seite 154)

3 Origami Museum

Origami (ori = falten, gami = Papier) ist die traditionelle japanische Kunst des Papierfaltens. Aus meist quadratischen, farbigen Papierbögen werden die unterschiedlichsten Gegenstände gefaltet: Tiere und Menschen, Blumen und Bäume, Häuser und Tempel, ganze Landschaften. Diese Kunst geht auf das 14. und 15. Jahrhundert zurück, wurde aber in der Edo-Zeit besonders gepflegt. Deshalb verwundert es nicht, dass im traditionell ausgerichteten Ryogoku auch ein kleines, aber schönes Origami-Museum eingerichtet wurde.

4 Yokoamicho Park mit Yokoami Open Gallery

In der Geschichte Edos (1603-1868) hat es immer wieder große Brände gegeben, durch welche ganze Stadtteile (etwa Ginza 1872) zerstört wurden. In der Geschichte von Tokyo ab 1868 gab es zwei große Katastrophen, die viele Menschenleben forderten: das große Kanto-Erdbeben von 1923 (ca. 150.000 Tote) und die Bombardierung Tokyos im Zweiten Weltkrieg (über 105.000 Tote). Im Yokoamicho Park wird an beide Ereignisse gedacht und zugleich durch die Friedensglocke und das Friedensdenkmal (Seite 168) zum Frieden aufgerufen.

Nach dem Erdbeben am 1. September 2023 um 11,58 h flohen über 40.000 Menschen in den Park. Ausgelöst durch offene Herdfeuer um Mittag und begünstigt durch die damalige Holzbauweise und engen Gassen entstanden in der Stadt hunderte von Bränden. Durch wachsende Feuer in den umliegenden Stadtvierteln des Yokoamicho Parks während der folgenden drei Tage ergab sich ein Feuersturm, der alle Flüchtenden dort tötete.

Im Park gibt es mit der Yokoami Open Gallery eine zweigeschossige Ausstellungshalle, die über die beiden Katastrophen informiert. Zudem gibt es westlich eine Gedächtnishalle: Zum Gedenken an die Erdbebenopfer von 1923 (58.000 direkt, weitere ca. 90.000 durch die folgenden Brände) wurde 1930 diese Gedenkhalle (Earthquake Memorial Hall) gebaut, in der jährlich Totenrituale stattfinden. Nach dem Krieg wurde 1951 das

Ryogoku:
- Tokyo Memorial Hall im Yokoamicho Park
- Kyu Yasuda Teien
- Sword Museum
- Ryogoku Kokugikan und Sumo Museum
- Eko-in, Eingangstor

Gedenken erweitert (105.000 Bombentote) und der Name in Tokyo Memorial Hall geändert. Das Hauptritual ist nun am 10. März, dem Tag des stärksten Bombenangriffs von 1945.

5 Kyu Yasuda Teien

Ab 1691 war an dieser Stelle eine Samurai Residenz, zu der auch ein Wandelgarten gehörte. Erst ab 1927 wurde der nicht allzu große Garten öffentlich zugänglich.

6 Schwertmuseum

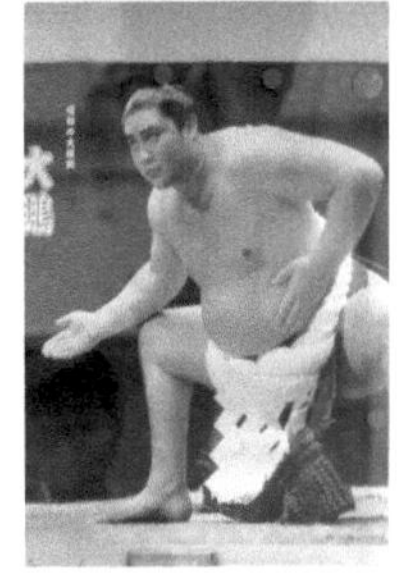

In der Nordwestecke des Kyu Yasuda Teien liegt das Sword Museum, das eine exklusive Auswahl an japanischen Schwertern zeigt. Vom Obergeschoss hat man einen schönen Blick auf den Garten.

Geht man vom Schwertmuseum nach Süden in Richtung Rygoku Bahnhof, kommt man am **Ryogoku Kokugikan und Sumo Museum** vorbei. Die große Sporthalle mit 13.000 Sitzplätzen wird vor allem zur Austragung der verschiedenen Sumo-Kämpfe im Januar, Mai und September genutzt. Ein integriertes Sumo-Museum informiert über diesen traditionellen Kampfsport. Sumo (sumau = kämpfen) wird bereits 712 als Ringkampf zwischen zwei Shinto-Göttern erwähnt, die um die japanischen Inseln kämpfen. 720 soll es auf Anordnung des Kaisers den ersten überlieferten Kampf zwischen Menschen gegeben haben. Verlierer eines Kampfes ist der, welcher zuerst mit einem anderen Körperteil als dem Fuß den Boden innerhalb des kreisförmigen Ringes berührt oder wer über das den Ring begrenzende Strohseil hinausgeschoben wird. Die Sumo-Kämpfer haben ein hohes Körpergewicht, tragen traditionelle Kleidung und werden in eigenen Sumo-Schulen (Heya) ausgebildet.

Sumo-Kämpfer
• auf Plakat
• als Statue
• vor McDonalds

7 Eko-in

Die buddhistische Jodo-shu (Schule des Reinen Landes) verehrt den transzendenten Buddha des Westens Amida (sanskrit: Amitabha) – schon die Anrufung seines Namens genügt, um nach dem Tod in das Reine Land zu gelangen, wo es keine weitere Wiedergeburt mehr gibt. 1657 gab es in Edo einen Großbrand mit 100.000 Toten. Der vom Shogun danach in Auftrag gegebene Tempel Eko-in (mit Statue des Amida) gedenkt dieser Toten und weiterer Opfer von Unfällen und Naturereignissen. Eigenartigerweise wurde auch das Gedenken an Tiere hinzugefügt, die Opfer von Katastrophen wurden. So findet man hier Grab und Gedenkstätten von Hunden, Katzen und anderen Haustieren. Ebenso aber gibt es hier Gräber von Sumo-Kämpfern.

Seite 168:
• Yokoamicho,
  Friedensdenkmal
• Eko-in,
  Tiergrabstätte

Fukagawa  (Tour 24)

Ziele: 1a–1g Pilgerweg zu den sieben Glücksgöttern von Fukagawa – 2 Kiyosumi Park – 3 Fukagawa Edo Museum – 4 Enma-do – 5 Fukagawa Fu-do – 1g Tomioka Hachiman-gu

Beginn:
• Morishita (S11 Shinjuku, E13 Oedo)
Ende:
• Monzen-nakacho (T12 Tozai, E15 Oedo)

Zu Beginn der Edo-Zeit kam eine Adelsfamilie Fukagawa aus dem Gebiet von Osaka nach Edo, weil alle Fürsten vom Shogun verpflichtet wurden, in der Regierungsstadt zu leben. Die Fukagawa ließen sich im Gebiet östlich des Sumida-Flusses nieder. Die sich schon bald entwickelnde Siedlung wurde nach dem Fürsten Fukagawa genannt. Der Shinmei-gu Schrein (1a) mitten in diesem Viertel kann bereits von diesem Fürsten gegründet worden sein, um der neuen Ansiedlung Schutz zu verschaffen. Heute gibt es in Fukagawa eine bunte Mischung aus Tempeln und Schreinen, die den sieben Glücksgöttern (Shichi Fukujin, vgl. Seite 28f.) gewidmet sind. Es gibt einen Pilgerweg zu diesen Stätten, der besonders zu Neujahr gegangen wird. In dieser Tour werden zudem ein sehr schöner japanischer Garten, ein Heimatmuseum und zwei eigenartige Tempel erreicht. Bei ausreichend Zeit kann man das Museum of Comtemporary Art besuchen.

Seite 170:
• Fukagawa Edo Museum, Zeichnung Stadtviertel Saga
• im Kiyosumi Park

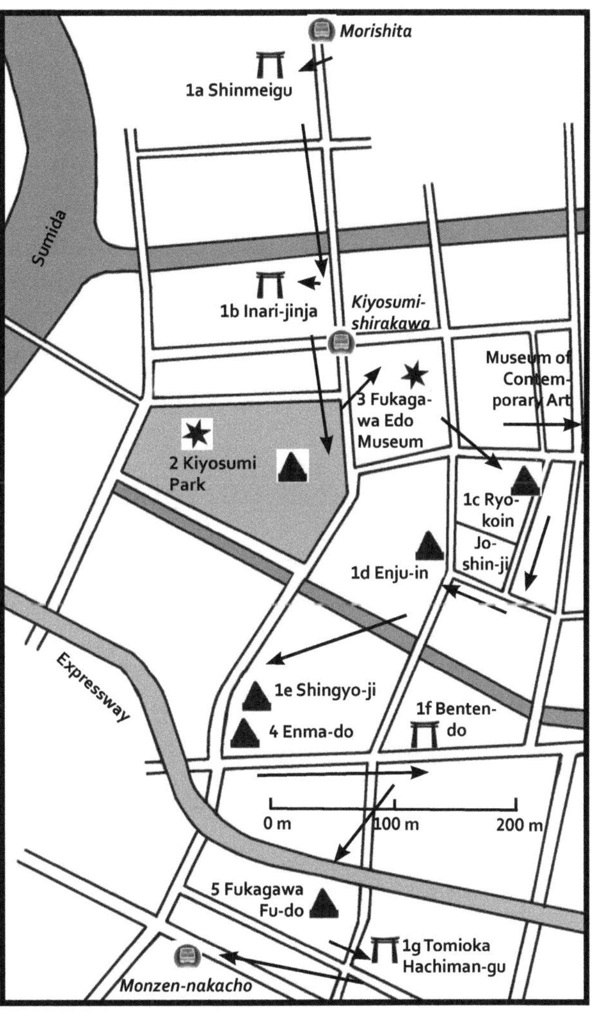

1a Fukagawa Shinmeigu

Glücksgott dieses Schreins ist **Jurojin**, der als Greis mit langem Bart, einem oft schwarzen Hirsch, einer Schriftrolle, einer Kürbisflasche und einem Stab dargestellt wird. Er ist zuständig für Weisheit, Glück und vor allem langes Leben – und damit für die von Süden nach hier versetzte Fürstenfamilie von entscheidender Bedeutung. Heute liegt der Schrein neben einem Kindergarten.

1b Fukagawa Inari-jinja

Der 1630 gegründete Schrein, heute klein an einer Straßenecke liegend, ist vorrangig der Reis- und Erntegöttin Inari gewidmet, er heißt auch Nishi-Daiinari, (Westliche Große Inari). Doch zu einer guten Ernte passt auch der zweite Glücksgott, **Hotei**, der als dicker Mann (wohlgenährt = reich) dargestellt wird, manchmal mit Geschenksack für Kinder. Er ist für Gesundheit, Glück, Überfluss zuständig.

2 Kiyosumi Park

Der Garten (Foto Seite 170) wurde ab 1721 angelegt, 1878 vom Gründer des Mitsubishi-Konzerns gekauft und der Öffentlichkeit zugänglich gemacht. Der östliche Teil ist ein typischer japanischer Wandelgarten mit verschiedene Gebäuden (Ryotei, Teehaus am See); der westliche Teil hat weite offene Flächen. Hier ist auch eine Gedenkstätte für den Dichter Matsuo Basho (1644-1694), der nicht weit von hier gewohnt hat. Er ist der Verfasser vieler Haikus (japanische Gedichtform mit drei Zeilen und 5 – 7 – 5 Silben). Berühmt ist das Frosch-Haiku: »Der alte Weiher / Ein Frosch springt hinein / Oh! Das Geräusch des Wassers« (Übersetzung Roland Barthes).

3 Fukagawa-Edo-Museum

Das Museum zeigt in einer detailgetreuen Rekonstruktion den Ortsteil Fukugawa-Saga, wie er in der Edo-Zeit um 1840 ausgesehen hat.

Dazu wurden in einer Halle mehrere Gassen mit ihren traditionellen Häusern, dazu auch ein kleiner Hafen am Fluss Sumida, nachgebaut und mit der Inneneinrichtung der jeweiligen Besitzer (Handwerker, Händler, Fischer) versehen. Während das Edo-Tokyo-Museum (Seite 165) den großen Rahmen Edos zeigt, findet man hier die Details eines Viertels.

1c Fukagawa Ryoko-in

Der buddhistische Tempel stand ab 1611 im Stadtbezirk Chuo, wurde aber 1682 hierher verlegt, damit er den Nordosten der Stadt beschützen soll. Im Innern ist eine Amida-Statue, rechts vor dem Tempel ist der dritte Glücksgott **Bishamonten**. Er wird oft als Krieger mit Rüstung, Hellebarde und Pagode (Schutz der Tempel) dargestellt, manchmal steht er auf einem Dämon, der er überwunden hat. Er ist für Schutz und Sicherheit verantwortlich.

1d Fukagawa Enju-in

Auf der anderen, westlichen Straßenseite des weitläufigen Joshin-ji (Nichiren-shu) mit seinem Friedhof liegt in einem kleinen Haus geborgen der buddhistische Tempel Enju-in, ein Subtempel des Joshin-ji. Der Tempel wurde in der Kyoho-Zeit (1716-1736) errichtet. Vor dem Tempel steht links eine schöne Statue des **Daikokuten**. Er sorgt für eine gute Ernte und damit für Wohlstand und Wohlbefinden. Dargestellt wird er meist auf zwei prall gefüllten Strohsäcken stehend (bei dieser Statue nicht); er hält zudem einen Erntesack mit Schätzen auf dem Rücken. In der rechten Hand trägt er einen Hammer (erfüllt magische Wünsche); er ist dick (wohlgenährt = reich) und lacht.

1e Fukagawa Shingyo-ji

Der Tempel stammt von 1611, wurde aber erst 1633 an diesen Ort gebracht. Der hier neben dem Buddha im Hondo verehrte Glücksgott

- Ryoko-in
- Enju-in
- Shingyo-ji
- Enma-do
  (Enma-Halle +
  Kannon-Halle)

ist **Fukurokujin**, der für Glück und Wohlstand, vor allem aber für langes Leben und Weisheit zuständig ist. Er wird meist mit einem konusförmigen hohen Schädel dargestellt. Oft begleiten ihn Schildkröte (langes Leben) und Kranich (Weisheit). Er hält einen Stock mit Schriftrollen.

4 Enma-do (Hojo-in)

Der Enma-do besteht aus zwei Gebäuden: Links ist eine Enma-Halle mit einer 3,5 m großen Statue – dort wird der Höllenkönig Enma (sanskrit Totengott Yama, vgl. Seite 60, Taiso-ji) verehrt. Der Totengott (hinduistisch) und Höllengott (daoistisch) Enma ist kein Richter, sondern er wahrt nur das Dharma, das kosmische Gesetz, dass jedem nach seinen Taten vergolten wird (Karma).

Der eigentliche Tempel (Hojo-in, esoterischer Shingon-Buddhismus) von 1629 dagegen hat zwei Ebenen: Die obere Halle ist meist geschlossen; in der unteren Halle werden ein Amida-Buddha und zwei Kannon (Foto) verehrt. Seitlich aber ist auf Bildern die Welt der zehn Höllenkönige dargestellt – eine Anleihe aus dem Daoismus. Vor den Bildern der Höllenkönige stellen die drei Statuen eine Botschaft der Hoffnung dar: Amida regiert über das Paradies des Westens, in dem es keine leidvolle Wiedergeburt mehr gibt. Der tausendarmige Senju-Kannon zeigt seine Barmherzigkeit allen Lebewesen. Vor der Tür der Halle stehen Statuen eines Jizos mit Kind und eines Kannon mit mehreren Kindern. Der Jizo ist der Bodhisattva, der den Verstorbenen hilft; Kannon zeigt ihnen seine Barmherzigkeit.

1f Fuyuki Benten-do

Zu Beginn der Meiji-Zeit stiftete der Holzhändler Fuyuki diesen unscheinbaren Schrein. Er ist **Benzaiten** gewidmet (hinduistisch Sarasvati, Gattin des Schöpfergottes Brahma). Sie hält meist eine Laute, in der Statue reitet sie auf einem Drachen. Sie ist zuständig für alle Sparten der Kunst: Dichtung, Kalligrafie, Musik, gute Rede ...

5 Fukagawa Fu-do

Der große und viel besuchte Tempel ist keinem der sieben Glücksgötter gewidmet, sondern Fudo Myoo (sanskrit Acala), ein Mantrakönig des Mahayana und Vajrayana

• Enma-do, Senju-Kannon, »tausend Arme der Barmherzigkeit«
• Fuyuki Benten-do
• Tomioka Hachimangu, Statue des Ino Tadataka (1745-1818), Landvermesser, fertigte die erste Karte Japans an

Buddhismus – der wichtigste »Wächter der Lehre«. Der Tempel gehört zur esoterischen Richtung des Shingon-Buddhismus, der vom Mönch Kukai (774-835) gegründet wurde, und stammt aus dem Jahr 1703, die Haupthalle allerdings aus dem Jahr 1862. Ungewöhnlich und auffallend ist die links neben dem Hondo liegende neue Halle aus dem Jahr 2011 mit ihrer eigenartigen Fassade.

1g Tomioka Hachiman-gu

Der Schrein stammt aus dem Jahr 1627 und ist der größte Hachiman Schrein in Tokyo. Auf dem Pilgerweg der sieben Fukugawa Glücksgötter ist er **Ebisu** gewidmet, dem Gott der Fischer und Händler, denen er Glück und Wohlstand bringen soll. Ebisu ist das erste Kind des mythischen Götterpaares Izanami und Izanagi; er wird meist mit Angel und Fischernetz dargestellt und kann so »Glück angeln« und den Menschen helfen – Ebisu ist in Japan sehr beliebt.

Doch Ebisu ist in diesem Schrein eher Nebensache. Wichtiger ist das Gedenken an Hachiman, den Gott des Krieges und der Kampfkünste. Deshalb ist der Schrein auch mit Sumo verbunden, die ersten Sumo-Kämpfe sollen im Areal von Tomioka Hachiman-gu stattgefunden haben. Hachiman ist sowohl im Shinto wie auch im Buddhismus der Schutzgott der Krieger und hat deshalb landesweit viele tausend Schreine. Alle drei Jahre gibt es im August vom Tomioka ausgehend das Hachiman Matsuri, nach Sanja Matsuri in Asakusa und Kanda Matsuri in Bunkyo das drittgrößte Shinto-Festival im Land mit vielen Trageschreinen.

- Enma-do, einer der Höllenkönige
- Fudo-do, Fudo Myoo
- Tomioka Hachiman-gu

Tour 25

Meguro – Ebisu (Tour 25)

Ziele: *1 Tokyo Metropolitan Teien Art Museum – 2 Nationalpark für Naturstudien – 3 Matsuoka Museum – 4 Yebisu Garden Place – 5 Tokyo Photographic Museum*

Beginn:
• Meguro
(JY22 Yamanote,
I01 Mita,
N01 Namboku)
Ende:
• Ebisu
(JY21 Yamanote,
H02 Hibiya)

Es ist nur ein kurzer Weg vom Bahnhof Meguro bis zum Bahnhof Ebisu, der bei dieser Tour zurückgelegt wird. Somit kann man sich in den drei vorgeschlagenen Museen und im Garten des Teian Art Museums und im Nationalpark viel Zeit lassen, zudem den Tag ausklingen lassen in den vielfältigen Restaurationsmöglichkeiten des Yebisu Garden Place.

1 Tokyo Metropolitan Teien Art Museum (Former Residence of Prince Asaka)

Prinz Asaka Yasuhiko (1887-1981) gründete einen Zweig der kaiserlichen Familie; er war zudem General und wohl zum Teil verantwortlich für das Massaker von Nanking 1937. Mit seiner Frau hatte er zuvor die USA besucht und war dort von der Kunstrichtung des Art Deco beeindruckt. Deshalb ließ er sich östlich von Meguro Station ein prachtvolles Art Deco Haus errichten.

Seite 176:
Tokyo Metropolitan Teien Art Museum
• Hauptgebäude
• Annex

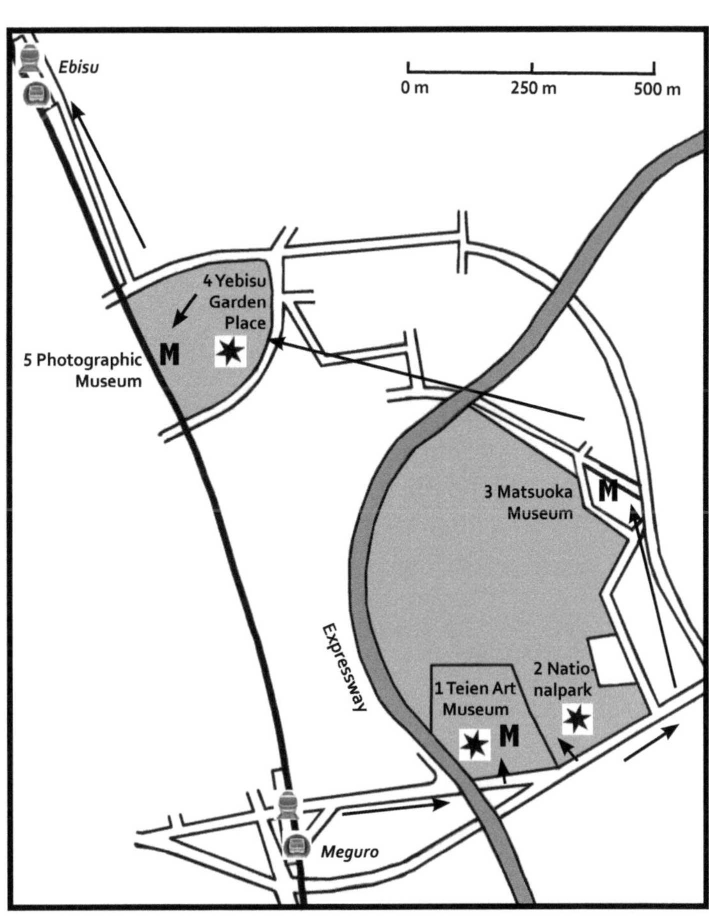

Heute ist dieses Haus mit seiner Original-Inneneinrichtung das Teian Art Museum. Zudem zeigt ein Annex-Bau japanische Kunst. Es gibt angrenzend auch einen traditionellen japanischen Garten.

2 Nationalpark für Naturstudien (National Museum of Nature and Science)

Bereits vor der Edo-Zeit war das große Gelände des Parks in Besitz von Adelsfamilien, zu Beginn der Edo-Zeit ging es in das Eigentum des Zojo-ji (Tour 11) über. Doch schon bald hatte hier der Adel wieder das Sagen, 1868 übernahm die kaiserliche Familie das Areal und nutzte es als Magazin für das Militär. Immer allerdings wurden die alten Bäume des Parks geschützt und gepflegt. Deshalb wurde 1949 der Park für alle geöffnet, damit Menschen jeden Alters Naturstudien durchführen konnten. Der Park zeichnet sich durch viele wertvolle und seltene Bäume aus und ist ein »Nationales Wahrzeichen«.

Matsuoka Museum

3 Matsuoka Museum

Das 1975 gegründete Privatmuseum zeigt die Kunstsammlung des japanischen Imobilienentwicklers Seijiro Matsuoka (1894–1989), spezialisiert auf chinesische Keramik, europäische Bildwerke des Impressionismus und altindische Gandhara-Kunst. Den europäischen Bildern werden Bilder der japanischen Kunstgeschichte gegenübergestellt, den Gandhara-Statuen Skulpturen moderner Künstler. Informationen zur Ausstellung: www.matsuoka-museum.jp

4 Yebisu Garden Place

Zwischen den beiden Bahnhöfen Meguro und Ebisu liegt das neu entwickelte Viertel Yebisu Garden Place auf dem Gelände der 1890 errichteten Brauerei Yebisu. Daran erinnert das Museum of Yebisu Beer, in dem neben Informationen zur Braukunst auch Restauration und eine Bierverköstigung angeboten werden. Vom 38. Geschoss des Yebisu Towers hat man (kostenlos) einen guten Überblick über diesen Teil der Metropole Tokyo. Eine große offene Halle hat an beiden Seiten Restaurants, Cafés und Geschäfte. Kunst ist durch Skulpturen von Auguste Rodin (The Spirit of Eternal Rest) und Antoine Bourdelle (Fruits) vertreten.

Seite 179: Yebisu Garden Place

5 Tokyo Photographic Museum (TOP Museum)

Das 1990 gegründete und seit 1995 hier angesiedelte Fotografiemu-

seum zeigt nicht nur die Werke von Fotografen in ständig wechselnden Ausstellungen, sondern auch Videos und Anime-Filme (animierte Filme, japanische Zeichentrickfilme – das Pendant zu Mangas). Ein gut ausgestattete Bibliothek mit Büchern zur Fotografie ergänzt das Angebot.

Bis zum Bahnhof Ebisu ist nicht weit – überdachte Laufbänder erleichtern den Weg. Der Bahnhof selbst wurde ursprünglich erbaut, um das Bier der Yebisu Brauerei zu transportieren, heute ist er ein wichtiger Bahnhof der Yamanote Bahn.

*Ziele: 1 Gohyaku Rakan-ji – 2 Ryusen-ji – 3 Otori-jinja –
4 One Hundert Steps Staircase – 5 Todoroki Park im Tal des
Yazawa Flusses*

Tour 25 führte in das Gebiet östlich und nördlich vom Bahnhof Meguro; diese Tour steuert interessante Ziele westlich des Bahnhofs an. Zusätzlich wird nach einer Bahnfahrt ein kleines landschaftliches Juwel angesteuert – der Todoroki Park. Diese beiden Teile von Tour 26 können auch mit Teilen anderer Touren kombiniert werden, etwa mit Tour 27; etwas Bahnfahrt allerdings ist immer nötig, aber das geht im Großraum Tokyo ohne Probleme.

1 Gohyaku Rakan-ji

Etwa 900 m westlich von Meguro Station liegt ein weithin unbekannter, aber sowohl kulturell wie religiös hoch bedeutender Tempel, in

Beginn und Ende
Teil A:
• Meguro
(JY22 Yamanote,
I01 Mita,
N01 Namboku)
Teil B:
• von Meguro
(MG01 Tokyu
Meguro) bis
Ookayama
(MG06)
dann weiter
von Ookayama
(OM08 Tokyu
Oimachi)
bis Todoroki
(OM13)
Ende:
Todoroki
(OM13)

Seite 180:
Wandbild im One
Hundert Steps
Staircase –
alles muss kawaii
(niedlich) sein

dem nicht nur der Buddha, sondern auch seine Schüler verehrt werden. Der 1695 gegründete Tempel gilt als Geburtsort des Glaubens an die Rakan, die Schüler des Buddha. Hier schuf der Holzschnitzer Sho'un Genkei zwischen 1691 und 1710 die beeindruckenden Statuen des Buddha und seiner 500 (Gohyaku) Rakan (305 Statuen sind 2017 ersetzt worden, aber der Rest ist über dreihundert Jahre alt). Der unscheinbare Eingang zum Tempel liegt in einer ruhigen Straße zwischen Wohnhäusern, man geht eine Treppe hinauf. Doch oben findet man Holzstatuen im Hondo (Buddha und einige Schüler), rechter Hand in einer eigenen Halle, dem Rakan-do, die meisten der Schüler-Statuen. Zudem gibt es noch eine Halle für Amida (Amida-do), einen Garten mit Statuen und ein Museum mit historischen Dokumenten.

2 Ryusen-ji (auch Meguro-Fudo)

Die zentrale Statue dieses Tempels der esoterischen Tendai-Richtung ist ein Fudo Myoo (vgl. Seite 174f.). Doch finden sich Fudo Statuen nicht nur in der Haupthalle, sondern auch an anderen Orten dieses an einem Berghang gelegenen Tempels. Er soll im Jahr 808 gegründet worden sein, als der Mönch Ennin eine Fudo Statue vom heiligen Berg Hiei (nordöstlich Kyoto) mitbrachte. In der frühen Edo-Zeit wurden fünf Fudo Statuen rund um die Burg Edo als Schutz für das Tokugawa Shogunat wichtig, Ryusen-ji wurde einer dieser Orte. Eine wunderbare Quelle im Tempel wurde zum Ziel von Pilgern, die auf Heilung hofften.

Wer an kleinen, oft nützlichen, manchmal gefährlichen Lebewesen Interesse hat, kann auf dem Weg zum Otori-jinja einen Stop im **Meguro Parasitologi-**

• Eingang zum Gohyaku Rakan-ji
• Tor zum Ryusen-ji
• Fudo Myoo im Ryusen-ji

cal Museum machen. Es wurde 1953 von Dr. Satoru Kamegai gegründet und 1993 hierhin verlegt.

3 Otori-jinja

Der Schrein, der älteste im Stadtbezirk Meguro, mit einem reich geschmückten Haiden liegt an einer Straßenecke. Er ist bekannt für seinen Tori-no-Ichi Markt im November.

4 One Hundert Steps Staircase

Das Gajoen ist heute ein moderner Hotelkomplex mit neugebautem Hochhaus in Meguro, doch geht das Hotel auf die 1930er Jahre zurück. Damals wollte man vom Hoteleingang einen Tunnel zur Meguro Station bauen, doch wegen des harten Untergrunds entschied man sich 1935 für eine schön geschmückte und überdachte Treppe: One Hundert Steps Staircase. In Wirklichkeit sind es allerdings nur 99 Stufen; man führt dies darauf zurück, dass 100 Stufen Perfektion abbilden würden – das aber gibt es nicht und wird auch in der japanischen Kunst nicht angestrebt. Immer müssen das menschliche Maß und die menschlichen Grenzen erkennbar bleiben (so wird oft bei Keramikarbeiten ein kleiner Fehler eingebaut, um diese Grenze zu zeigen). Seitlich der Treppe gibt es sieben bestens dekorierte und bemalte Räume, in denen alte Möbel und Einrichtungsgegenstände sind. Wände und Decken sind mit Blumen und / oder Menschengruppen bemalt (vgl. das Foto auf Seite 180). Der Raum an der Spitze hebt sich von den anderen durch einen schönen Ausblick und durch seine Größe ab.

5 Todoroki Park im Tal des Yazawa Flusses

Nach etwa 20 Minuten Zugfahrt von Meguro aus (einmal umsteigen in Ookayama) erreicht man den Bahn-

• Otori-jinja
• Hotel Gajoen, Eingang
• One Hundert Steps Staircase

One Hundert Steps Staircase,
Summit Room

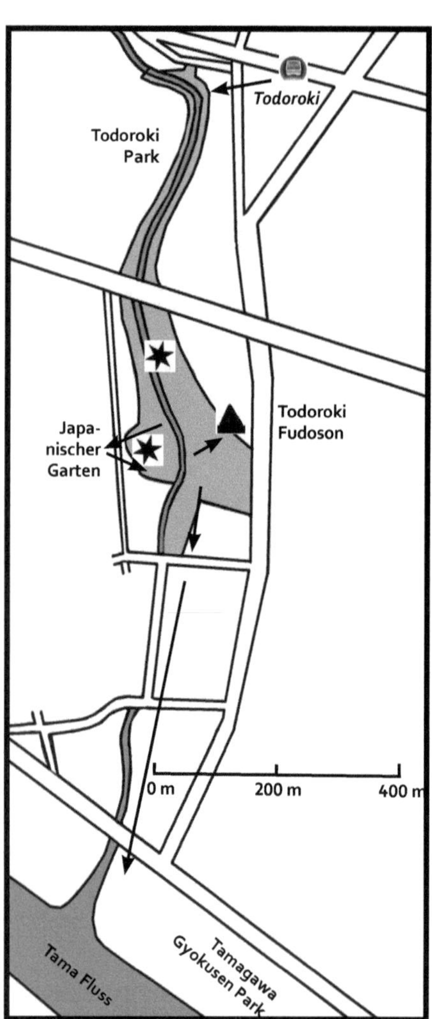

hof Todoroki (Südausgang). Von hier aus sind es nur wenige Schritte bis zum Beginn des Parks der Todoroki-Schlucht – eine Überraschung in der dicht bebauten Metropole Tokyo. Im Supermarkt vor dem Eingang kann man Getränke und Essen für ein Picknick kaufen. Der Yazawa Fluss schlängelt sich von Norden nach Süden bis zum Tama Fluss, der die Grenze zwischen den Präfekturen Tokyo (Norden) und Kawasaki (Süden) bildet. Über Steinplatten- oder Holzbohlenwege geht es dicht am Fluss entlang, der sich hier als recht wilder Bergbach entpuppt. Die Vegetation reicht bis ans Wasser heran. Anders als die japanischen Gärten sonst und besonders die Steingärten der Zenklöster zeigt sich hier wilde, ungezähmte Natur. Doch es gibt im Südwesten auch einen kleinen japanischen Garten in der üblichen Gestaltungsweise. Im Osten lohnt der Todoroki Fudoson Tempel. Auch sind ein kleiner Schrein, ein Teehaus und Bambushaine entlang des Weges zu finden. Geht man im Süden noch weiter zum Tama Fluss, so kann man unterwegs Cafés finden oder sich am Flussufer im Tamagawa Gyokusen Park erholen. Die Rückfahrt erfolgt am besten wieder von Todoroki Station.

發菩提心
如意輪觀世音

Setagaya – Ikegami (Tour 27)

Ziele: 1 Gotoku-ji (Katzentempel) – 2 Setagaya Castle Site – 3 Setagaya Hachiman-gu – 4 Ikegami Honmon-ji – 5 Ikegami Bai-en (Pflaumengarten)

Auch diese Tour besteht aus zwei Teilen: Zum einen geht es in den Stadtbezirk Setagaya im Südwesten von Tokyo. Mit 900.000 Einwohnern ist Setagaya der bevölkerungsreichste der 23 Stadtbezirke (Ku) von Tokyo. Doch prägen hier nicht große Hochhäuser das Stadtbild, sondern meist kleine Einfamilienhäuser einer mittelständischen Bevölkerung. In Setagaya werden ein ungewöhnlicher buddhistischer Tempel, ein bedeutender Schrein und die (wenigen) Reste einer Befestigung aus der Edo-Zeit besucht. Dann geht es mit verschiedenen Zügen (erscheint komplizierter als es im gut organisierten Tokyo ist) nach Ikegami im Stadtbezirk Ota ganz im Süden der Präfektur. Hier ist der Ikegami Honmon-ji das Ziel, ein bedeutender Tempel der Nichiren-Richtung des Buddhismus und zugleich das Mausoleum von Nichiren. Im angrenzenden Pflaumengarten kann man sich erholen.

1 Gotoku-ji (Katzentempel)

Der Gotoku-ji ist der größte Tempel in Setagaya und wird auch heute viel besucht. Schon 1480 gab es hier einen Zen-Tempel, der 1584 zur Soto-Zen-Richtung

Beginn und Ende
Teil 1:
• Gotokuji
  (OH10 Odakyu
  Odawara)
oder:
• Miyanosaka
  (SG07 Tokyu
  Setagaya)
von Teil 1
nach Teil 2:
• Miyanosake
  (SG07) –
  Sangen-Jaya
  (SG01/DT03) –
  Futako-
  Tamagawa
  (DT07/OM15) –
  Hatanodai
  (OM06/IK05) –
  Ikegami (IK10)
Ende:
• Ikegami (IK10)

Seite 186:
Gotoku-ji, nachdenklicher Bodhisattva und Manekineko (Winkekatzen)

• Gotoku-ji, Hondo
• Setagaya Castle
• Setagaya Hachiman-gu, Sumo-Kampfplatz

wechselte: Diese buddhistische Schule verkündet, dass in allen Lebewesen eine Buddhanatur immanent vorhanden ist; durch Sitzmeditation soll ein Übender dies erkennen und so zur Erleuchtung gelangen. Der Tempel war zu Beginn der Edo-Zeit (16. Jahrhundert) mit der Burg Setagaya verbunden. 1633 wählte die bedeutende Ii-Familie ihn als Familientempel – seitdem sind die Verstorbenen der Ii hier begraben. Auf einem ungewöhnlich weitläufigen Gelände finden sich große Tempelgebäude, zudem ein großer Friedhof. In der Halle Shofuku-den Manekineko wird der Katze Tama gedacht, die durch ihr Winken den Fürsten Naotaka Ii gerettet hat. Dieser hatte unter einem großen Baum vor einem Gewitter Schutz gesucht. Als er Tama im Tempeleingang heftig winken sah, ist er der Katze in den Tempel gefolgt. Kurz darauf schlug ein Blitz in den Baum, der umstürzte und den Fürsten erschlagen hätte, wenn er nicht dem Locken der Katze nachgegeben hätte. Dies ist eine Legende, welche die Gestalt der Winkekatze deuten soll, eine andere verbindet sich mit dem Imado-jinja in Asakusa (vgl. Seite 157). Heute bringen viele Pilger Manekineko-Statuen und stellen sie im Tempel auf, es sind inzwischen Tausende. Dass diese Winkekatze dann vor allem in China kommerzialisiert (Geschäfte und Restaurants) Kunden anlocken soll, ist eher eine Perversion des ursprünglichen Sinns von Schutz.

2 Setagaya Castle Site

Nur wenige Schritte vom Gotoku-ji entfernt sind (heute in einem Park) einige Überreste der Burg von Setagaya zu entdecken. Diese

Burg wurde 1590 aufgegeben, nachdem der zweite der drei Reichseiner, Toyotomi Hideyoshi (1537–1598, vgl. Seite 13), die Burg Odawara nördlich von Edo erobert hatte und danach viele andere Fürs-
tenburgen zerstören ließ.

3 Setagaya Hachiman-gu

Der Schrein wurde bereits 1091, also noch in der Heian-Zeit (Kyoto)
durch ein Mitglied der bedeutenden Familie der Minamoto gegründet. Minamoto no Yoshiie kam in das Gebiet des heutigen Setagaya
und vollzog mit den Bewohnern des Dorfes eine Zeremonie zu Ehren des Kami Hachiman (Kami des Krieges und des Erfolges). Minamoto soll hier auch Sumo-Kämpfe durchgeführt haben, deshalb
findet man noch heute im Schrein einen ringförmigen Sumo-Kampfplatz. Der Schrein wurde 1546 durch ein Mitglied der Kira-Familie,
später durch den Shogun Tokugawa Ieyasu restauriert. Die heutigen
Gebäude stammen aus dem Jahr 1964. Der Schrein wird als Schutzschrein des Stadtviertels Setagaya verstanden und deshalb von vielen Bewohnern Setagayas besucht.

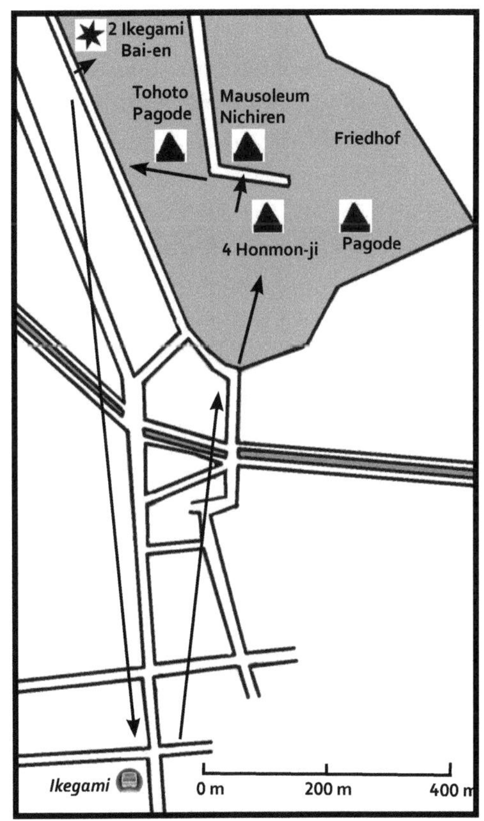

4 Ikegami Honmon-ji

Ikegami ist ein Stadtteil im Stadtbezirk Ota im Südwesten von Tokyo. Ota ist der flächenmäßig größte
Bezirk und steht an Einwohnerzahl an dritter Stelle. In Ota liegt auch der Flughafen Haneda.

Vom Bahnhof Ikegami einen Kilometer Fußweg
nach Norden entfernt liegt das weitläufige Gelände
des Ikegami Honmon-ji, eines Tempelkomplexes
mit vielen Bauwerken und einem parkähnlichen
Friedhof. Der Tempel liegt auf einem Berg, den man
über eine hohe Treppe erreicht. Nach dem Zweiten

Weltkrieg wurden seine weithin zerstörten Gebäude in traditioneller Form wiedererrichtet. Niomon (Tor), Hondo (hier Daido – Große Halle – genannt), eine fünfstöckige Pagode von 1608 im Osten, ein großer Kyozo (Bibliothek) und eine ungewöhnliche Rote Pagode (Tahoto) beim Abstieg nach Westen sind die wichtigsten Gebäude.

Der Honmon-ji gehört der Nichiren-Richtung an. Am Ende seines Lebens (1282) kam der Mönch und Reformer Nichiren aus dem Exil nach Tokyo zurück. Er starb auf dem Weg in die Stadt an der Stelle des heutigen Ikegami Honmon-ji. Ob er selbst noch diesen Tempel gegründet hat oder einer seiner Begleiter (etwa Nichiro, 1245-1320) ist ungewiss. Hier jedenfalls wurde Nichiren kremiert und hier findet sich wenige Schritte hinter dem Hondo sein Mausoleum.

5 Ikegami Bai-en (Pflaumengarten)

In der Nordwestecke des Honmon-ji, aber nicht vom Tempel aus direkt zu erreichen, sondern über die westliche Straße am Fuß des Berges ist der Ikegami Plum Garden. Er zeichnet sich im März durch die Blüte seiner 270 Pflaumenbäume, im April/Mai durch die Blüte seiner 800 Azaleenbüsche aus. Ab Juni blühen viele Hortensien. Zwei Teehäuser gibt es im Garten.

Tsukiji – Tsukishima (Tour 28)

*Ziele: 1 Tsukiji Hongan-ji – 2 Tsukiji Outer Market (Fischmarkt) –
3 Namuoke-jinja – 4 Tsukishima Monja Street – 5 Sumiyoshi-jinja –
6 Place de Paris – 7 Egg of Winds*

Beginn:
• Tsukiji
  (H11 Hibiya)
Ende:
• Tsukushima
  (E16 Oedo,
  Y21 Yurakucho)

Tour 27 östlich von Tokyo Station schließt an Tour 3 an (vgl. zur
Ginza Seite 47) und bietet eine bunte Mischung von Sehenswürdig-
keiten, aber auch Erholung im Tsukoda Park und gute Restaura-
tionsmöglichkeiten in der Monja Street. Es beginnt mit einem unge-
wöhnlichen Tempel, führt dann durch das, was vom Fischmarkt an
Läden geblieben ist, hin zu dem Schrein des Stadtviertels Tsukiji, dem
Namuoke-jinja. Dann geht man über die Sumida-Brücke auf die Insel
Tsukishima (auch Tsukudajima – Tsukuda Insel genannt), dort durch

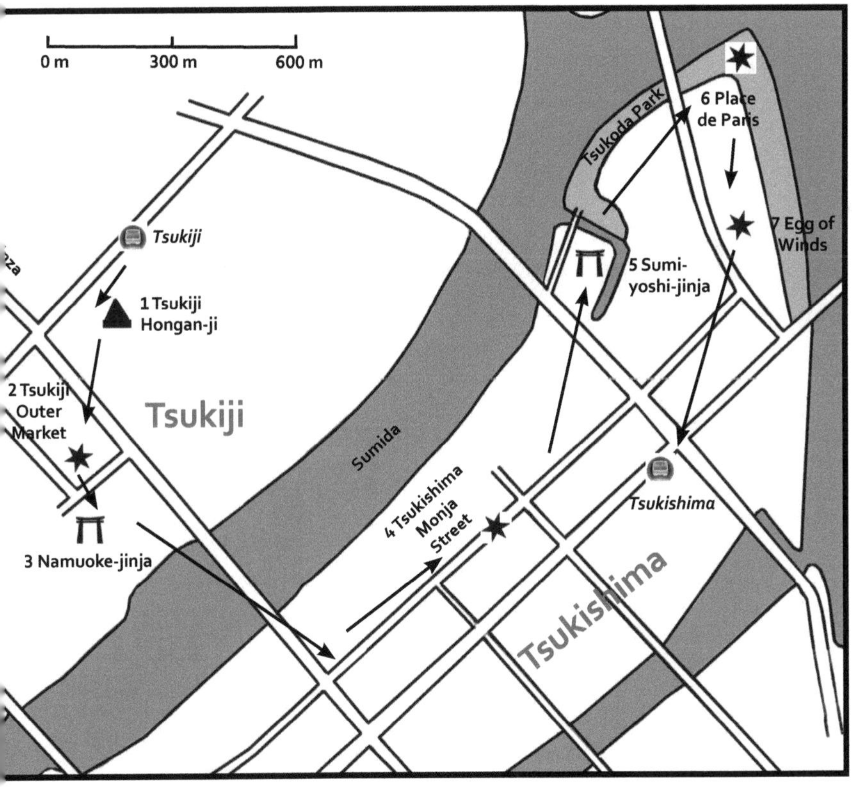

Seite 192:
Tsukiji Hongan-ji
• von außen,
  hinten St Luke's
  Garden Tower
• Innenraum
  mit Bestuhlung

• Tsukiji Hongan-ji,
Statue Shinran Shonin
• Gasse im Tsukiji Outer Market
• Auslage im Fischgeschäft

die Geschäfts- und Restaurantstraße Monja, um nach einem weiteren kleinen Schrein in den Tsukoda-Park an der Nordspitze der Insel zu kommen. Hier erwartet den Besucher ein schöner Blick nach Norden bis zum Skytree. Eine kleine architektonische Besonderheit ist das Kunstobjekt »Egg of Winds« an der Einfahrt zur Tiefgarage des Apartementprojekts River City 21.

Tsukiji bedeutet »gemachtes Land«. Dies weist auf die Landgewinnung hin, die in der Bucht von Tokyo bereits seit der Edo-Zeit erfolgte und der Metropole große Flächen für Bebauung zur Verfügung stellt. Angesichts der im gebirgigen Japan sehr begrenzten Flächen für den Städtebau war dies ein wichtiger Grund für das rasante Wachstum von Tokyo. Auch die Inseln Tsukishima und Odaiba (Tour 29) sind Landaufschüttungen in der Tokyoer Bucht.

1 Tsukiji Hongan-ji

Der alte Tempel der Jodo-shinshu aus dem 17. Jahrhundert wurde durch das Kanto-Erdbeben vom 1. September 1923 zerstört. Der Neubau im in Japan ungewöhnlichen indischen Stil (Foto Seite 192) entstand von 1931-1934. Im Tempel wird ein Buddha Amida verehrt, der im Jodo-shinshu besondere Bedeutung hat. Der Mönch Shinran Shonin (1173-1263), der Gründer der »Wahren Schule des Reinen Landes«, forderte zu einem unbedingten Vertrauen in den Buddha des Westlichen Paradieses, Amida (sanskrit Amitabha), auf. Der Hongan-ji ist nicht nur von außen ungewöhnlich, auch innen zeigt er mit Stuhlreihen ein anderes Bild als die

Seite 195:
Tsukiji Namuoke Inari-jinja
• vom Tor zum Haiden
• Löwenkopf für Matsuri

日本一 雄の大獅子「厄除天井大獅子」
高さ2.4m　幅3.3m　重さ1t

• Blick von der Kachido-Brücke
nach Südwesten zum Tokyo Tower
• Blick nach Tsukishima
• Tsukishima Monja Street

meisten buddhistischen Tempel sonst. Im Altarraum ist natürlich eine Amida-Statue.

2 Tsukiji Outer Market (Fischmarkt)

Das Stadtviertel Tsukiji gehört zum Ward Chuo mit 160.000 Einwohnern. Das Viertel war für seinen Großmarkt bekannt, wo neben Fisch (der größte Fischmarkt der Welt) auch Gemüse, Obst und andere Waren verkauft wurden. Inzwischen ist der Fischmarkt in das Stadtviertel Toyosu (aufgeschüttete Insel ein wenig nach Südosten) ausgelagert, doch in vielen kleinen Gassen von Tsukiji gibt es nach wie vor viele Fischläden mit einem breiten Angebot.

3 Tsukiji Namuoke Inari-jinja

Der 1653 gegründete Schrein wurde zu Beginn des 20. Jahrhunderts zum Schutzschrein für Fischer und Fischhändler. Die beiden Löwenköpfe rechts und links des Eingangs (der Kopf des schwarzen männlichen Löwen ist 2 Tonnen schwer, der des roten weiblichen 1,5 Tonnen) werden bei der jährlichen Tsukiji Shishi Matsuri im Juni zusammen mit Mikoshi (Trageschreine) durch den Ort getragen.

Der Weg führt nun weiter über die Kachidoki Brücke auf die bereits 1892 angeschüttete Insel Tsukishima. Von der Brücke aus sieht man bereits die Apartmenthochhäuser im Norden der Insel. Der Place de Paris im Ishikawajima Park liegt hinter den Wohntürmen.

4 Tsukishima Monja Street

In der Monja-Street sind die Fassaden der Restaurants und Geschäfte einheitlich. Es gibt hier eine Spezialität: die Monjayaki. Dies sind eine Art Pfannkuchen, die man sich selbst auf einer heißen Platte zubereitet: Eine Schüssel Teig wird mit Gemüse, Garnelen oder Fisch, dazu verschiedenen Gewürze und je nach Wunsch anderen Zutaten vermischt und gebacken und unmittelbar danach heiß gegessen. Das Gericht ähnelt den japanischen Okonomiyaki, für das besonders Osaka bekannt ist. In der Monja Street gibt es auch leckere Süßigkeiten und natürlich Souvenirs für die Touristen.

5 Sumiyoshi-jinja

Geht man nun weiter nach Norden zum Ufer des Sumida Flusses, so kommt man an **Tsukuda Machikado Museum** vorbei, das nur aus einer verglasten Halle besteht, in der ein großen und sehr schöner Mikoshi zu sehen ist. Direkt danach war vor dem Bau der Brücken eine Fähranlegestelle. Noch vor dem Wassertor, mit dem der Zufluss zu einem kleinen Kanal geregelt wird, geht man nach rechts zu einem hinter Wohnhäusern liegenden kleinen Schrein, dem Sumiyoshi-jinja. Hier werden – passend zur Nähe des Meeres – die Sumiyoshi Sanjin (Sumiyoshi Drei Kami) verehrt; in Japan gibt es etwa 2.000 Sumiyoshi-Schreine, deren Kami Schutz bei Fischfang und Seefahrt geben sollen. Sumiyoshi bedeutet in einer alten Lesart »einwohnendes Glück« – darum beten die Bewohner der Insel heute noch.

6 Place de Paris

Über eine kleine Brücke, die über den Kanal führt, gelangt man zum Tsukuda Park, der an der Spitze der Insel Ishikawajima Park heißt. Dort ist der Place de Paris mit einem schönen Ausblick nach Norden und einem Friedensdenkmal.

7 Egg of Winds

Vom Architekten Toy Ito (*1941) wurde diese seltsame Skulptur geschaffen, die einen Kontrast zu den umliegenden Hochhäusern der River City 21 darstellt. Ito will mit seinen Werken zu einer kreativen Auseinandersetzung mit der Zukunft anregen.

• Blick zur Chuo-Ohashi (Brücke),
  in der Mitte der Skytree in Sumida
• Tokyo Cruise Boot auf dem Sumida-Fluss
• Egg of Winds in River City 21

Odaiba (Tour 29)

Ziele: *1 Rainbowbridge – 2 Daiba Park – 3 Odaiba Beach – 4 Fuji TV Headquarters – 5 Shiokase Park – 6 Museum of Maritime Science – 7 Miraikan (Science Museum) – 8 Tokyo Big Sight*

Beginn:
• Shibaura-Futo
  (U05 Yurikamone)
Ende:
• Tokyo Big Sight
  (U11 Yurikamone)

Seite 198:
Rainbowbridge
• Zufahrt von der
  Landseite mit
  Yurikamone-Line
• von der Aussichts-
  kugel des Fuji TV
  mit Daiba (rechts)

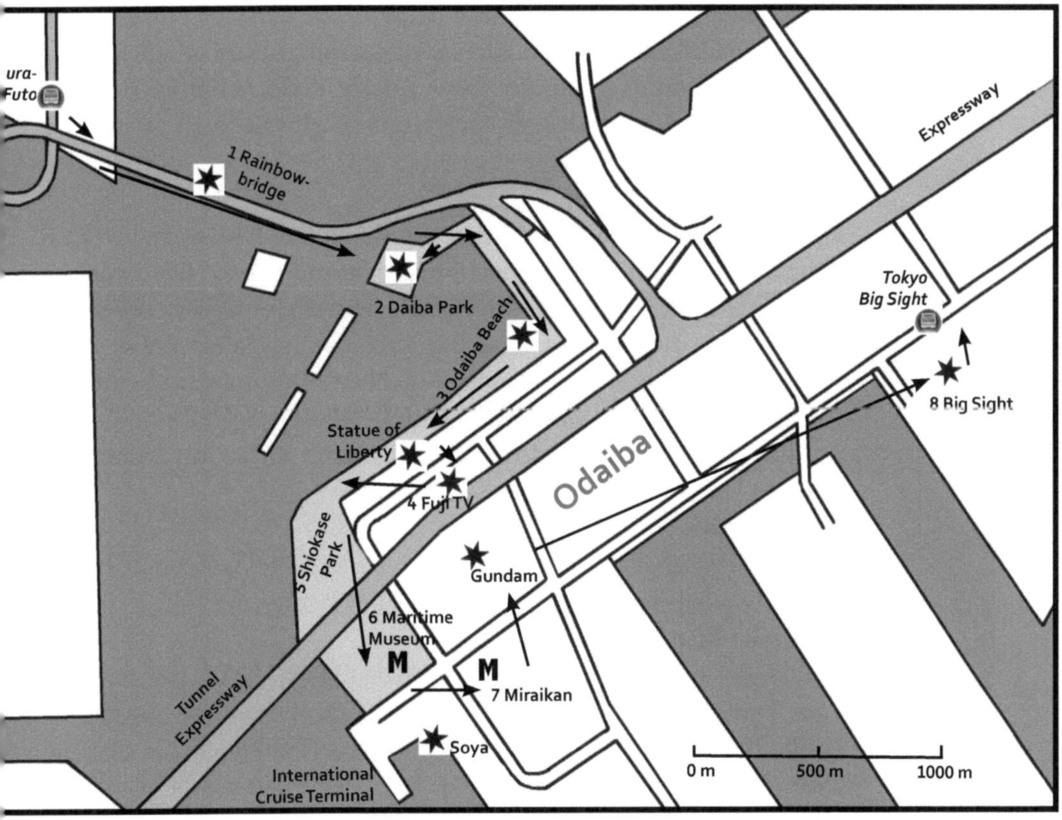

1853, dann 1854 ein zweites Mal, landete der amerikanische Admiral Matthew Perry mit vier »Schwarzen Schiffen« (Kanonenbooten) in der Bucht von Tokyo, um eine wirtschaftliche Öffnung des völlig abgeschlossenen Landes zu erzwingen. Dies geschah in Parallele zu den Kriegen, die zuerst England, dann Frankreich, Amerika und später Deutschland in den Opiumkriegen gegen das kaiserliche China führten und die zu den »Ungleichen Verträgen« führten, die den westlichen Mächten wirtschaftliche Vorteile in China brachten. Der Vorstoß von Perry, dem die Japaner nichts Vergleichbares entgegensetzen konnten, führte zu einem ähnlichen Vertrag zwischen den Vereinigten Staaten und Japan. Als Reaktion auf diesen Angriff wollte der Tokugawa Shogun elf Festungen (japanisch Daiba) in der Bucht von Tokyo bauen lassen, um weitere Angriffe abzuwehren. Nur fünf wurden errichtet, darunter eine auf der künstlich angeschütteten Insel, die heute unmittelbar vor Odaiba liegt.

Ab den 1970er Jahren und dem beginnenden Wirtschaftsboom Japans wurden in der Bucht von Tokyo große Flächen angeschüttet und für Hafenanlagen, Industrie, aber auch Wohngebiete der rasant wachsenden Stadt genutzt. Die hinter Daiba liegende, ebenfalls angeschüttete Insel Odaiba wurde ab dem Jahr 1996 zu einem Einkaufs- und Unterhaltungsbereich. Große und architektonisch herausragende Bauten wie etwa das Fuji TV Headquarters wurden gebaut. Die 1993 gebaute Hängebrücke »Regenbogenbrücke (weil sie abends in Regenbogenfarben angestrahlt wird) und die darüber führende Straße und die Monorail-Linie Yurikamone ermöglichen einen schnellen und bequemen Zugang zur Insel. Große Parks schaffen Raum für Erholung, in den großen Einkaufszentren gibt es auch ausreichend Restaurants und Cafés.

1 Rainbowbridge

Die 800 m lange Rainbowbridge führt von der Festlandseite (Stadtviertel Minato-ku) zur angeschütteten Insel Odaiba. Die Brücke ist zweigeschossig, oben ist ein vierspuriger Expressway, unten sind in der Mitte die beiden Gleise der Yurikamone-Bahn, außen jeweils zwei Fahrspuren der Port Road. Tagsüber kann man auf beiden Seiten auch zu Fuß über die Brücke gehen – dieser Weg lohnt besonders auf der Südseite wegen des hervorragenden Blicks auf Odaiba und auf den Hafen von Tokyo weiter im Süden.

2 Daiba Park

Von den Festungen auf Daiba kann man noch die Außenmauern und die Erdwälle erkennen, ansonsten ist dies heute ein Park.

3 Odaiba Beach

Von Daiba aus führt in einem Bogen die Odaiba Beach bis zum Shiokase Park, ein Paradies für die Freizeit. Ein besonderes Monument ist die Statue of Liberty, ein Geschenk von Frankreich aus dem Jahr 1998. Sie ist der Freiheitsstatue in New York nachgebildet, hat aber

• Statue of Liberty und Rainbowbridge,
Blick von Odaiba Beach
• International Cruise Terminal
• Museum of Maritime Science
(das kleine Gebäude vorne links)
• Museumsschiff Soya
(Eisbrecher aus dem Jahr 1938)

nur ein Siebtel der Höhe des Originals. Der Blick zur Rainbowbridge mit der Staue of Liberty im Vordergrund ist beeindruckend

4 Fuji TV Headquarters

Fuji Television ist Teil des Konzerns Fuji Media Holding und sendet auf mehrere Kanälen Fernsehprogramme mit dem Schwerpunkt leichte Unterhaltung. Das beeindruckende Hauptquartier ist seit 1997 der von Kenzo Tange errichtete, 123 m hohe Bau zentral auf Odaiba. Zwischen zwei Bürotürmen führen Rolltreppen auf eine Plattform im 7. Geschoss, die für Besucher geöffnet ist. Darüber im 25. Geschoss ist eine große Metallkugel angebracht, in der sich eine Aussichtsplattform befindet: Hachitama Spherical Observation Room. Im Gebäude befinden sich Aufnahmestudios, auch eine Galerie, die über die neuesten Filme von Fuji TV informiert. In der Fuji TV Mall im Erdgeschoss ist ein großes Theater, dazu Cafés und Läden mit dem üblichen Promotions-Kitsch. Das Programm von Fuji TV ist eher mäßig, aber die Architektur überraschend und großartig.

5 Shiokase Park

Vom Fuji-TV aus geht man in einem großen Bogen durch den Shiokaze Park mit 13.000 Bäumen und auch weiten Flächen für Picknick. Es gibt im Park eine Sun Square mit einer Sonnenuhr und einen Fountain Square mit Wasserspielen. Das eigenartig geformte hohe Gebäude am Ufer ist die Lüftungsanlage für den Autobahntunnel, der Odaiba mit dem Festland verbindet.

6 Museum of Maritime Science

Schifffahrt ist für ein Land mit 7.000 Inseln existenziell. Das Schifffahrtsmuseum mit dem 100 m entfernt liegenden Museumsschiff Soya, ehemals arktisches Expeditionsschiff, zeigt die Bedeutung der Seefahrt für Japan auf.

7 Miraikan (Nippon kagaku miraikan)
Museum of Emerging Science and Innovation

Das auch architektonisch auffallende Museum auf Odaiba zeigt besonders Schülern und Studenten auf interaktive Weise Aspekte technischer Innovation und die Richtungen der Zukunftsforschung: Roboter und Raumfahrt (Modell der ISS selbst mit Raumfahrtklo), Automobiltechnik (autonome Fahrzeuge), Fortschritte in der Ernährungswissenschaft (Leckereien etwa aus Skorpionen ...) und vieles andere mehr. Der Bau zeigt außen eine große Kugel; darin ist innen eine weitere Kugel (6 m Durchmesser), auf die die Erde projiziert wird, zusammen mit verschiedenen Aspekten wie Wetter. Im Obergeschoss ist eine Aussichtsplattform mit Blick auf Odaiba und einem Café.

Vom Miraikan kann man zum Einkaufszentrum Diver City (mit Shops, Restaurants und dem Unka [= Kacke !] Museum) gehen. Dort begegnet zuerst eine seltsame Figur: Das **Unicorn Gundam** ist ein neun Meter hoher Roboter, der abends leuchtet und zu Lichtspielen Kopf und Arme bewegt. Er geht zurück auf einen Fantasyroman von Harutoshi Fukui: Darin geht es um einen Roboter mit unfassbaren Kräften. Etwas westlich davon ist die goldene Skulptur »La Flamme de la Liberté«, ein Geschenk von Frankreich aus dem Jahr 1998.

8 Tokyo Big Sight (Tokyo Biggu Saito)
Tokyo International Exhibition Center

Auf Odaiba befindet sich das Messezentrum von Tokyo mit verschiedenen Ausstellungshallen. Herausragend ist das erste Gebäude, ein Konferenzzentrum, das aus vier umgedrehten Pyramiden besteht: Tokyo Big Sight. 1996 gebaut, gibt es unterirdisch einen Konferenzraum mit 1.100 Plätzen, im 2. Geschoss ist die Eingangshalle, darüber sind weitere Konferenzräume und oben im 7. Geschoss erneut ein Saal mit 1.100 Plätzen.

•Miraikan
• Unicorn Gundam
• Tokyo Big Sight

Ofuna – Kita-Kamakura (Tour 30)

Ziele: 1 Ofuna Kannon und Atombombendenkmal – 2 Engaku-ji – 3 Tokei-ji – 4 Jochi-ji – 5 Meigetsu-in – 6 Kencho-ji – 7 Enno-ji – 8 Tsurugaoka Hachiman-gu – 9 Wakayama-oji

Seite 204: Kannon-Statue im Kannon-ji, Ofuna

1 Ofuna Kannon und Atombombendenkmal

Die Stadt Ofuna bildet die Grenze zwischen Yokohama und Kamakura (beide in der Präfektur Kanagawa). Die Stadt besitzt einen bedeutenden Kreuzungsbahnhof, ist aber zudem bekannt durch die gigantische Kannonfigur auf dem Berg neben dem Bahnhof.

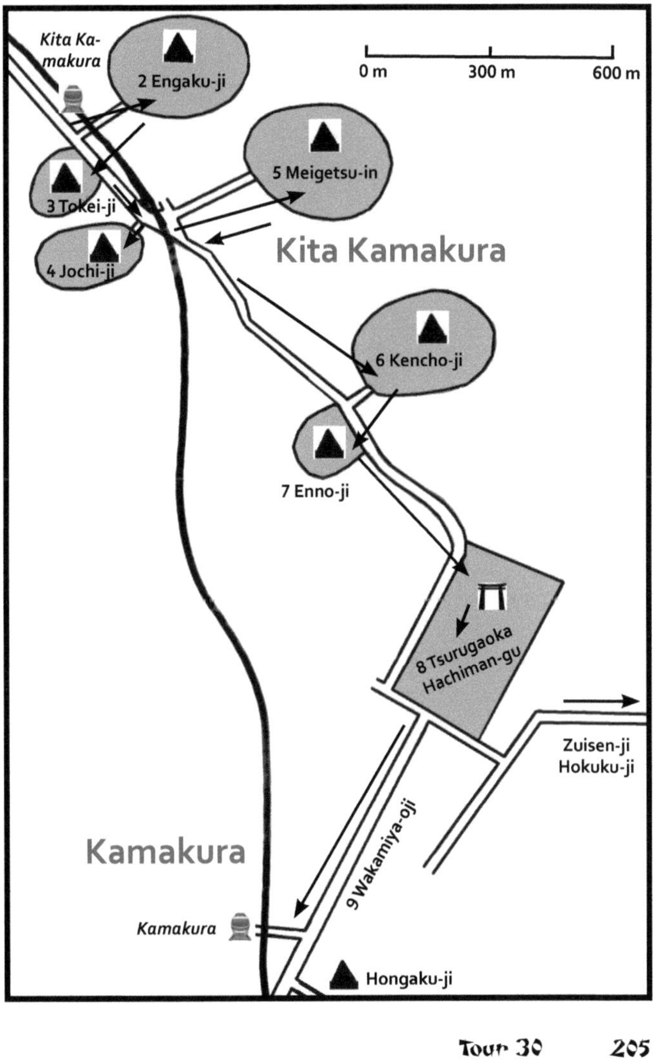

Fahrten:
- (etwa von) Shinjuku – Ofuna (Shonan Shinjuku, ca. 50 min)
- Ofuna – Kita Kamakura (Yokosuka, ca. 3 min)
- Kamakura – Shinjuku (Yokosuka bis Musashi Kosugi, ca. 37 min, dann Shonan Shinjuku, ca. 21 min)

Informationen über App JapanTransit

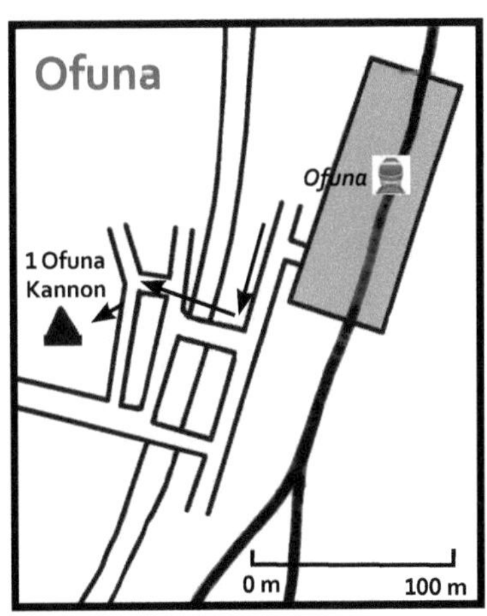

Oberhalb der Stadt Ofuna ist eine bereits 1929 begonnene, aber erst 1960 fertiggestellte 24 m hohe und 18 m breite Kannon-Statue (nur Oberkörper) als Symbol für den Wunsch nach Frieden. 1970 wurde unterhalb des Kannon ein Monument zum Gedenken an den 25. Jahrestag des Atombombenabwurfs errichtet: Am 6. August 1945 fiel die Bombe »Little Boy« auf Hiroshima; es gab 80.000 Todesopfer sofort, 166.000 Opfer durch Spätfolgen; 70.000 Häuser wurden zerstört. Am 9. August 1945 fiel die Bombe »Fat Man« auf die Stadt Nagasaki auf der Südinsel Kyushu; es gab dort 80.000 Todesopfer insgesamt. Am 15. August 1945 erfolgte die Kapitulation Japans. Vom Bahnhof Ofuna aus erreicht man die Statue über einen kurzen, aber steilen Weg; der Blick von oben zeigt die Stadt Ofuna.

Kamakura

50 km südwestlich von Tokyo liegt an der Sagami-Bucht die Stadt Kamakura mit heute ca. 170.000 Einwohnern. Von 1192 bis 1333 war Kamakura Sitz des Shogun, des japanischen Militärherrschers, der die wahre Macht in Japan besaß. So wurde die Stadt neben Kyoto –

diese nach wie vor Stadt des Kaisers – zum politischen, religiösen und kulturellen Mittelpunkt des Inselreiches.

Von dieser Glanzzeit Kamakuras sind heute eine Vielzahl von buddhistischen Tempeln der verschiedenen Schulrichtungen (vor allem der Zen-Schule) geblieben. Wie eine Perlenkette sind sie an einer Linie aufgereiht, die vom nördlichen Bahnhof Kita-Kamakura (= Nord-Kamakura, dort der Engaku-ji) bis zum Hongaku-ji am zentralen Bahnhof Kamakura führt. Von dort aus weiter nach Westen gibt es weitere buddhistische Stätten in Kamakura-Hase (Tour 31). Zudem besitzt Kamakura mit dem Tsurugaoka Hachiman-gu auch einen herausragenden Shinto-Schrein. Im Zentrum von Kamakura sind viele Kunsthandwerksgeschäfte und Restaurants, es ist eine lebhafte kleine Stadt in der Präfektur Kanagawa. (Wer viel Zeit hat, kann außer den beschriebenen Tempel noch die weiter östlich gelegenen buddhistischen Stätten Zuisen-ji und Hokuku-ji besuchen.)

2 Engaku-ji

Der auf einem weitläufigen, leicht ansteigenden Gelände liegende Engaku-ji ist einer der Haupttempel der Zen-Richtung Rinzai-shu. Er wurde 1282 von chinesischen Chan-Mönchen gegründet. Während der Kamakura-Zeit hatten die Mönche des Tempels auch politischen Einfluss, der aber nach dem Ende der Kamakura-Zeit (1333) schwand, sodass der Tempel mehr und mehr verfiel. Erst im 18. Jahrhundert wurden die Gebäude in der heutigen Gestalt errichtet, doch durch das große Kanto-Erdbeben 1923 wurden sie abermals zerstört, danach aber bald wieder originalgetreu aufgebaut. Entsprechend chinesischem Fengshui sind die Gebäude in (nahezu) Süd-Nordrichtung den Hang hinauf gebaut: Das Sanmon (Dreitor) eröffnet diese Linie, danach folgt der Butsuden mit der Hauptbuddhafigur, dann der Hojo (Abtspalast) mit seinem Prachttor Karamon (chinesisches Tor) und weit oben das Schatzhaus Shariden, in dem ein Zahn des Buddha verehrt wird. Rechts und links von dieser Linie sind weitere Gebäude und Meditationshallen (Senbutsujo und Korijin). Dazu kommt, auf einem Berg mit steilem Aufstieg gelegen, Ogane, die größte Glocke der Kanto-Region. Die folgenden Zen-Tempel, besonders der Kencho-ji, sind ähnlich aufgebaut.

3 Tokei-ji

Auf der anderen Straßenseite des Engaku-ji, nur durch die Eisenbahn getrennt, liegt der ungewöhnliche Tokei-ji, ein Nonnentempel, 1285 gegründet. Hierhin konnten Frauen flüchten, wenn sie Gewalt durch Ehemänner oder Familienangehörigen erlebten und von hier aus die Scheidung beantragen – der Tokei-ji war eine Art Frauenhaus.

4 Jochi-ji

Der Jochi-ji wurde 1281 gegründet und ist einer von fünf großen Zen-Tempeln in Kamakura mit einem ähnlichen Aufbau wie der Engaku-ji. Doch liegen die Gebäude viel mehr in einer natürlichen Umgebung mit Bäumen und Büschen. Man erreicht den Tempel, wenn man an einer alten steinernen Brücke vorbeigeht; dahinter liegt eine Quelle.

5 Meigetsu-in

Auch der 1160 gegründete Meigetsu-in (»Strahlender-Mond-Kloster«) gehört der Rinzai Zen Schule an. Wegen seines großen Gartens mit einer Menge von Hortensienbüschen wird er auch Hortensien-tempel genannt – ein Besuch im Juni / Juli ist ein Genuss. Hinter einem Zengarten (Foto Seite 210) liegt das Hauptgebäude, der Abts-palast. Man kann von außen in einen Meditationsraum mit – zum Tempelnamen passenden – Mondfenster hineinschauen.

6 Kencho-ji

1253 gegründet, ist der großzügig angelegte Kencho-ji der Rinzai-shu (Zen) der Muttertempel von 500 Zweigtempeln dieser Richtung. Auch hier waren chinesische Mönche an Gründung und Ausrichtung des Tempels beteiligt. Die Anlage ist ähnlich dem Engaku-ji an einem Berghang von Süd nach Nord gestaffelt. Auch hier sind Sanmon (Drei-tor), Shoro (Glockenturm mit bonsho = Glo-cke), Butsuden mit der Buddhastatue, Hatto (Lehrhalle) und Hojo (Abtspalast mit einem wunderschönen Chinesischen Tor Karamon und einem Garten) wichtige Stätten. Vor dem Butsuden stehen fast 800 Jahre alte Wacholder-bäume, 13 m hoch und mit einem Stammum-fang von 6,5 m.

7 Enno-ji

Die Haupthalle des 1250 gegründete Tempels besitzt kein Buddhabildnis, sondern ist eine Halle der Zehn Höllenkönige mit ihrem Fürs-ten Enma (Emma, sanskrit: Yama). Dies ist we-

niger Buddhismus, auch kein Shinto, sondern ein Einfluss des chinesischen Daoismus, wo die Höllenkönige eine bedeutende Rolle spielen (vgl. den Enma-do in Fukagawa, Seite 174).

8 Tsurugaoka Hachiman-gu

Die große Anlage des Tsurugaoka Hachiman-gu ist der bedeutendste Shinto-Schrein von Kamakura. Die Geschichte seiner Entstehung zeigt, wie wichtig er für die Zeit des Kamakura-Shogunats (1192–1333) gewesen ist. Im 12. Jahrhundert war Japan durch die Rivalität unterschiedlicher Adelsfamilien zerrissen; der Tenno (Kaiser in Kyoto) spielte politisch keine Rolle mehr. In diesem Streit taten sich besonders die Familie der Minamoto hervor und eine Gruppe von vier Adelsfamilien, die man die Taira nannte. Die Taira wurde 1185 in einer Seeschlacht von den Minamoto bezwungen, sodass nun die Macht über Japan ganz in den Händen der Minamoto lag. Minamoto no Yoritomo (1147–1199) erhielt wegen seines militärischen Sieges über die Taira 1192 vom Kaiser den Titel des Shogun. Damit begann das Kamakura-Shogunat, das durch einen militärischen Erfolg begründet wurde. Deshalb ist es nicht verwunderlich, dass der Kami Hachiman von den Minamoto besonders verehrt wurde, galt er doch zunehmend als Kriegsgott.

Der Tsurogaoka-Wakamiya-Schrein lag ursprünglich in Yuigahama, südlich von Kamakura an der Küste; dort verehrte man den legendären Ojin-Tenno (200-310 !), der als Kaiser von 270-310 regiert haben soll. Sein Kami soll sich nach seinem Tod mit dem Kriegsgott Hachiman verbunden haben. Minamoto no Yoritomo ließ diesen Schrein in seine Shogunatsstadt Kamakura bringen. Er wurde nun Tsurogaoka Hachiman-gu genannt und allein dem Kriegsgott gewidmet; dieser alte Schrein (Wakamiya) liegt rechts von der großen Treppe. Der Hauptschrein wurde 1828 vom Edo-Shogun Tokugawa Ienari neu gebaut – dies ist das prachtvolle Gebäude oben hinter der hohen Treppe. Es gibt eine Reihe von Subschreinen und den schönen offenen Pavillon Maiden, eine Tanzbühne für religiöse Rituale.

9 Wakamiya-oji

Die Prachtstraße führt vom Tsurogaoka nach Süden zum Bahnhof.

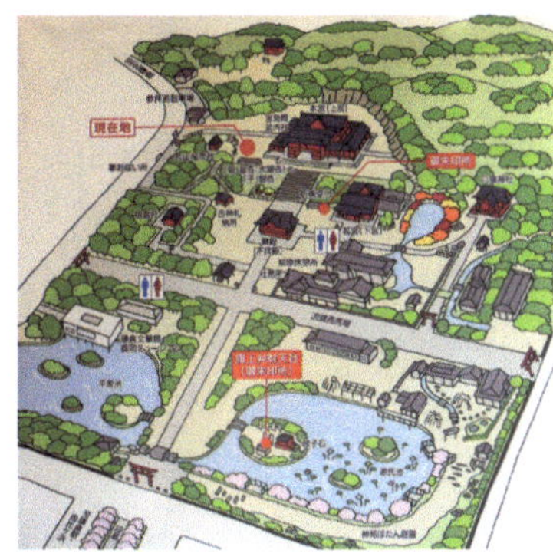

Tsurogaoka Hachiman-gu:
* Eingangstorii und Eingangsbrücke
* Plan der Gesamtanlage
* Unterer Schrein (Wakamiya)
* Treppe zum Tor vor dem
  Oberen Schrein
* Oberschüler
  am Reinigungsbrunnen
* Verzierung am Oberen Schrein

Kamakura-Hase – Enoshima (Tour 31)

Ziele: 1 Kotoku-in (Daibutsu) – 2 Hase-dera – 3 Sagami Bucht – 4 Enoshima mit drei Schreinen, Samuel Cocking Garden, Sea Candle, Enoshima Daishi, Love Bell, Iwaya-Höhlen

Beginn:
• (etwa von Shinjuku) Kamakura (Shonan Shinjuku bis Musashi Kosugi, dann Yokosuka)
Ende:
• von Ofuna bis Shinjuku (Shonan Shinjuku)

Seite 212:
Kamakura-Hase, Kotoku-in. Daibutsu

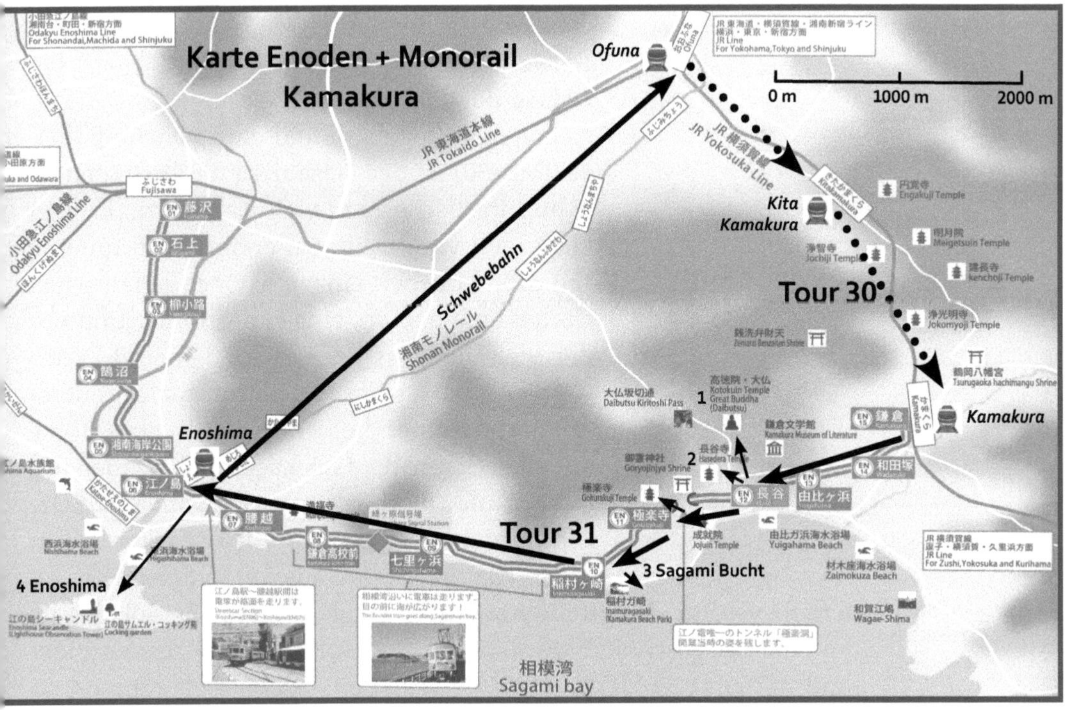

Tour 31 schließt unmittelbar an Tour 30 an. Wenn man diese Tage verbinden und nicht nach Tokyo zurückkehren will, kann man in Kamakura oder besser bereits in einem der Gasthäuser von Kamakura-Hase übernachten. Die Tour führt mit der nostalgischen Enoden-Bahn von Kamakura (EN15) bis Enoshima (EN06). Für die Rückfahrt kann man den gleichen Weg wählen, doch abwechslungsreicher und schneller ist die Fahrt mit der Shonan Monorail Schwebebahn von Enoshima bis Ofuna (vgl. Tour 30) und dann direkt mit dem Zug weiter. Tour 31 setzt zwei Schwerpunkte: die beiden buddhistischen Stätten in Kamakura Hase (EN12) und die Insel Enoshima.

1 Kotoku-in (Daibutsu)

Der Große Buddha von Kamakura (Foto Seite 212) ist die Hauptsehenswürdigkeit der Stadt. Der Buddha Amida (sanskrit: Amitabha), der transzendente Buddha des Westens und des westlichen Paradieses, hat die Dhyana-Mudra (Handhaltung der Meditation). 1252 wurde der 13,3 m hohe und 121 Tonnen schwere Bronzebuddha aufgerichtet (zum Vergleich: der Daibutsu im Todai-ji in Nara [bei Kyoto] ist 18 m hoch und wiegt 250 Tonnen, vgl. »Kyoto entdecken«, Seite 197ff.). Ursprünglich war der Buddha blattvergoldet, doch davon ist heute nichts mehr sichtbar. Es gab auch – wie im Todai-ji – eine riesige hölzerne Halle mit 44 x 42 m Grundfläche. Doch dieses Tempelgebäude wurde 1498 von einem Tsunami weggeschwemmt und nicht wieder erneuert. Man kann von hinten in die Figur hineingehen und dabei die Technik erkennen, wie die einzelnen Teile zusammengefügt wurden.

2 Hase-dera

Neben dem Engaku-ji und dem Kencho-ji (beide Tour 30) ist der Hase-dera der bedeutendste buddhistische Tempel in Kamakura. Er liegt nicht weit vom Daibutsu entfernt. Im unteren Teil gibt es neben einem schönen japanischen Garten eine Jizo-do, eine Halle, in der und vor der viele hundert Jizos zu finden sind. Noch weiter östlich ist eine Halle für Rituale (Bentendo) und dahinter die Benten-kutsu, eine Höhle mit einer Statue der Glücksgöttin Benzaiten mit ihrer Laute (hinduistisch Saraswati, vgl. Seite 28f.). In der oberen Kannon-do wird eine 9,18 m große Kannon-Statue aus vergoldetem Kampferholz verehrt, der größte Kannon aus Holz in Japan. Sie soll bereits im Jahr 721 geschnitzt worden sein, erst später wurde sie vergoldet und mit einer goldenen Gloriole versehen. Neben dem Kannon-do

- Ennoden Bahn
- Daibutsu
- Plan Hase-dera

gibt es auch ein Kannon-Museum. Das Tempelgelände, an einem Berghang gelegen, zeigt viele weitere schöne Gebäude, man hat zudem einen prächtigen Blick auf die Bucht.

3 Sagami Bucht

Von Kamakura Hase kann man auf dem Weg nach Enoshima zwei Stationen machen: Von der Station Gokurakuji (EN11) sind es nur wenige Schritte nach Norden bis zum ruhigen **Gokura-ku-ji** (esoterischer Shingon-Buddhismus, 1259 gegründet), nach Süden etwa 200 m und einen leichten Aufstieg bis zum **Joju-in**, in dem der Lichtkönig und Schützer der buddhistischen Lehre Fudo Myoo (vgl. Seite 174) verehrt wird. Von der Anhöhe aus hat man einen schönen Blick über die Bucht von Sagami. Ein zweiter Stop wird in Inamuragasaki (EN10) empfohlen. Vom dortigen Strand aus kann man schön nach Enoshima blicken.

4 Enoshima mit drei Schreinen, Samuel Cocking Garden, Sea Candle, Enoshima Daishi, Love Bell, Iwaya-Höhlen

(Enoshima = »Insel in der Bucht«) Die 0,4 km² große Insel ist von landschaftlicher Schönheit, hat aber auch geschichtliche und religiöse Bedeutung. In mehreren Höhlen an der Südseite wird Benzaiten verehrt. Es gibt drei Enoshima-Schreine auf dem Hochplateau: Hetsumiya, Nakatsumiya und Okutsumiya. Auch gibt es einen buddhistischen Tempel, dazu einen Aussichtsturm (Sea Candle) und den wunderschönen Garten von 1862 von Samuel Cocking, einem englischen Kaufmann. Enoshima ist ein beliebtes Ausflugsziel von Tokyo aus.

Nach einer mittelalterlichen Chronik entstand die Insel Enoshima im Jahr 552 dadurch, dass die Göttin Benzaiten sie aus dem Meer emporsteigen ließ – in den südlichen Grotten

Hase-dera:
- Jizos im unteren Teil vor der Jizo-do
- Kannon-do mit der großen Kannon-Statue

- Plan Gokuraku-ji
- Blick von Inamuragasaki nach Enoshima

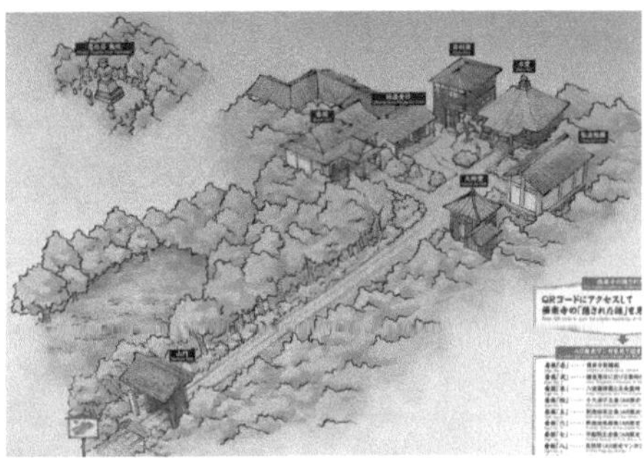

(Enoshima Iwaya Caves) erinnert ein Benzaiten-Schrein daran. Doch weil die Grotten oft überflutet wurden, wurde der erste Enoshima-Schrein 853 auf dem Hochplateau gebaut, zwei weitere Schreine sind aus späterer Zeit. Zwei Grotten mit 152 m und 56 m können heutzutage besucht werden, die erste (Mutterschoßhöhle) bietet gute Information über Geologie, aber auch über Kunst, die Enoshima zum Thema hat. Die zweite (Drachenhöhle) ist ein wenig disneymäßig mit einer bunten und lauten Drachenfigur, die an eine Legende erinnert:

Die Ursprungslegende von Enoshima (»Das Himmlische Mädchen und der fünfköpfige Drache«) erzählt, wie ein fünfköpfiger Drache die Gegend von Kamakura terrorisierte und die Kinder aus den Dörfern verzehrte. Wenn er wütete, gab es Erdbeben, der Himmel verdunkelte sich und die Menschen waren außer sich vor Angst. Da stieg eines Tages ein Himmlisches Mädchen herab, es wurde hell und die Insel Enoshima war entstanden. Der Drache verliebte sich in das Mädchen, auf ihre Vorhaltungen wegen seines Benehmens hin, änderte er sich und heiratete sie. Dieses Mädchen wird heute mit Benzaiten identifiziert und ist deshalb eng mit Enoshima verbunden.

Für die Insel gibt es einen Tagespass für verschiedene Eintritte (etwa in die Höhlen), mit dem man auch die Rolltreppen hinaus zum Hochplateau fahren kann. Leider muss man zu den Höhlen wieder ganz hinuntersteigen und danach auch wieder hinauf. Manchmal jedoch gibt es ein Boot von den Höhlen bis zum Festland und zur Straße zu den Bahnhöfen. Außerdem gibt es auf halber Höhe im Westen der Insel einen Weg zur Brücke (vgl. Karte). Restauration gibt es vor allem auf der Zufahrtsstraße von der Brücke zum ersten Torii und östlich in der Hafenstraße. Allerdings sind die Preise der Location angepasst, besser und günstiger sind die Restaurants und Cafés auf dem Festland.

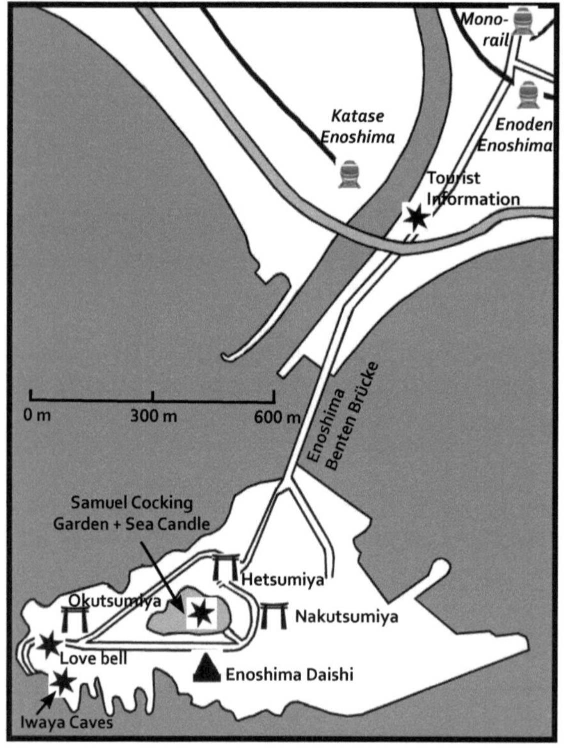

Enoshima
• Hetsumiya Schrein
• Ema Himmelsmädchen und Drache
• Blick auf Sagami-Bucht
• Sea Candle
• Samuel Cocking Garden
• Love Bell und Liebesschlösser

Kawasaki (Tour 32)

Ziele: 1 Ikuta Ryokuchi Park– 2 Taro Okamoto Museum und Skulpturenpark – 3 Nihon Minka-en – 4 Kanayama-jinja – 5 Heiken-ji (Kawasaki Daichi)

Mit 1,5 Millionen Einwohnern liegt Kawasaki zwischen Yokohama im Süden und Tokyo im Norden in der Präfektur Kanagawa, die zur Metropolregion Tokyo gehört. Kawasaki lebt von Schwerindustrie, zudem gibt es im Westen viel Landwirtschaft. Diese Tour führt zu zwei nur durch eine Bahnfahrt zu verbindenden Zielen: im Nordwesten das Okamoto Museum und der Freilichtpark Nihon Minka-en, im Südosten zu einem seltsamem Shinto-Schrein und einem der bedeutendsten buddhistischen Tempel des Landes. Die Bahnfahrten sollten nicht abschrecken – dies klappt in Japan wirklich gut.

1 Ikuta Ryokuchi Park

Geht man vom Bahnhof Mukagaoka Yuen nach Südwesten, so gelangt man schnell zum weitläufigen Ikuta Park.

Beginn:
- Beispiel von Shinjuku aus: (Odakyu Express, ca. 22 min) Mukogaoka Yuen

Zwischenfahrt:
- Mukogaoka Yuen (Odakyu Express, 1 min) Noborito
- (Nanbu, 28 min) Kawasaki Station
- Wechsel zu Keikyu Kawasaki, 10 min Fußweg (Keikyu Daishi, 5 min) Kawasaki Daishi

Ende:
- Kawasaki Daishi (Keikyu Daishi)
- Kawasaki (Tokaido, 17 min)
- Tokyo Station (Chuo Chuo, 13 min) Shinjuku

Seite 218:
- Taro Okamoto Museum, links Tower of Sun
- Nihon Minka-en Emukai Haus

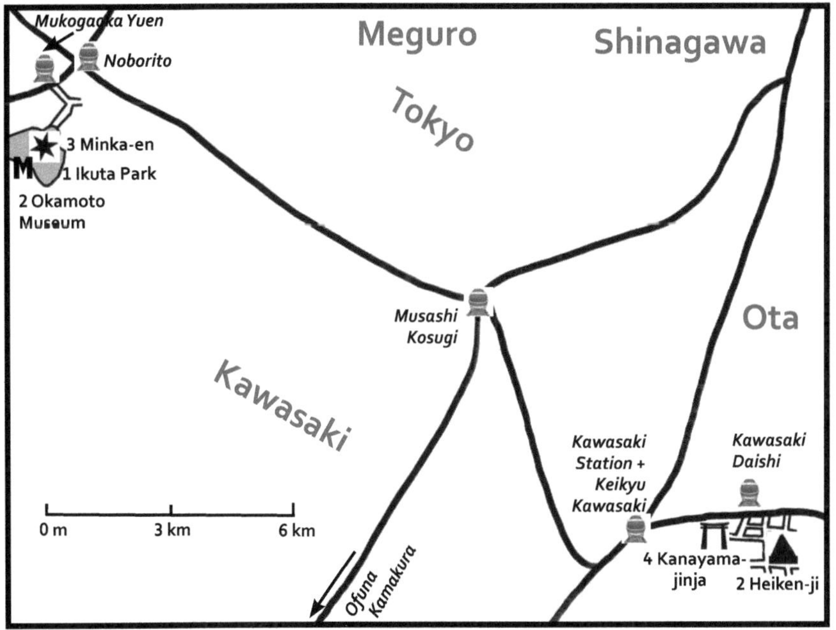

2 Taro Okamoto Museum und Skulpturenpark

Das Wohnhaus und Atelier des surrealistischen Künstlers Taro Okamoto (1911-1996) liegt in Tokyo im Bezirk Minato (vgl. Seite 66 und 74f. »Myth of Tomorrow«). Da dieses Haus zu klein für größere Ausstellungen ist, wurde 1999 im Norden von Kawasaki in Ikuta Ryokuchi Park ein großes und modernes Museumsgebäude mit Skulpturengarten errichtet. Hier sind die bunten und fantasievollen Bilder und Skulpturen des Künstlers bestens präsentiert.

3 Nihon Minka-en

Ebenfalls im Ikuta Ryukuchi Park liegt das weitläufig an einem Hang gelegene Freilichtmuseum hierhin versetzter traditioneller japanischer Landhäuser. Seit 1965 wurden 25 großartige Landhäuser aus ganz Japan hierhin verlagert, dazu gibt es jeweils ausführliche Erklärungen, in einigen Häusern neben der Inneneinrichtung auch verschiedene Angebote durch freiwillige Helfer. Eine beeindruckende Szenerie und eine gute Information prägen Nihon Minka-en.

4 Kanayama-jinja

Der Schrein des Eisernen Penis, Schutzschrein der Schmiede, verehrt ein Götterpaar. Doch bekannt ist er für das Kanayama Matsuri, bei dem statt Mikoshi drei große Penisse durch die Stadt getragen werden, ein ausgelassenes und durchaus derbes Volksfest besonders für Frauen und Mädchen. Dies geht zurück auf eine Legende (die sich übrigens in ähnlicher Form im alttestamentlichen Buch Tobit, 3,7ff findet, wo Sara ebenfalls von einem Dämon besessen ist): Eine schöne Frau hatte einen Dämon in ihrer Vagina. Mehreren Bräutigamen wurden von diesem in der Hochzeitsnacht der Penis abgebissen. Der letzte der Bewerber jedoch ließ sich vom Schmied einen eisernen Penis machen. Der Dämon verlor beim Zubeißen seine Zähne und floh.

5 Heiken-ji (Kawasaki Daichi)

Der Heiken-ji von 1128 ist ein Haupttempel der esoterischen Shingon-shu, die von Kukai (Kobo Daishi, 774-835) gegründet wurde. Obwohl der Tempel im Zweiten Weltkrieg durch Bomben fast völlig zerstört wurden, zeigen sich heute viele der in einem weitläufigen Gelände liegenden Gebäude wieder in alter Pracht und traditioneller Bauweise. Mehrfach am Tag wird im Hondo der Gomakitou-Ritus vollzogen, ein Feuerritus zur Reinigung: für Frieden, Wohlstand, Gesundheit und langes Leben – das »Feuer von Buddhas Weisheit« zerstört alle Widerstände. Besonders schön ist die Bibliothek.

浄眼

中華街
中国飯店
中国料理世界チャンピオン
世界一の肉まん
善隣門
善隣門
中華街
30

Yokohama (Tour 33)

Ziele: **1 Mirai 21 – 2 Rinko Park – 3 Landmark Tower – 4 Nippon Maru – 5 Insel Shinko – 6 Hikawa Maru – 7 Yokohama Marine Tower – 8 Chinatown (Konteibo, Masobyo) – 9 Sankei-en**

Beginn und Ende:
• etwa von Shibuya (TY01 Tokyu Toyoko) Yokohama (TY21, 30 min)

Wie Kawasaki (Tour 32) gehört Yokohama zur Metropolregion von Tokyo. Doch ist die Industriestadt mit ca. 3,8 Millionen Einwohnern (8.600 Einwohner/km²) zugleich die zweitgrößte Stadt Japans und durch ihren Hafen und ihre Industrie von höchster Bedeutung für das Land.

Dabei verlief die Entwicklung der Stadt erst ab 1859 rasant, vorher war hier nur ein Fischerdorf an der Bucht von Edo (Tokyo). Doch 1853 und erneut 1854 erzwang der amerikanische Admiral Perry mit seinen Kanonenbooten hier die Öffnung Japans für westlichen Handel – ebenso wie es die westlichen Mächte ab 1842 durch die »Ungleichen Verträgen« mit China taten. Damit aber war der Weg geöffnet, dass das Fischerdorf Yokohama zum größten

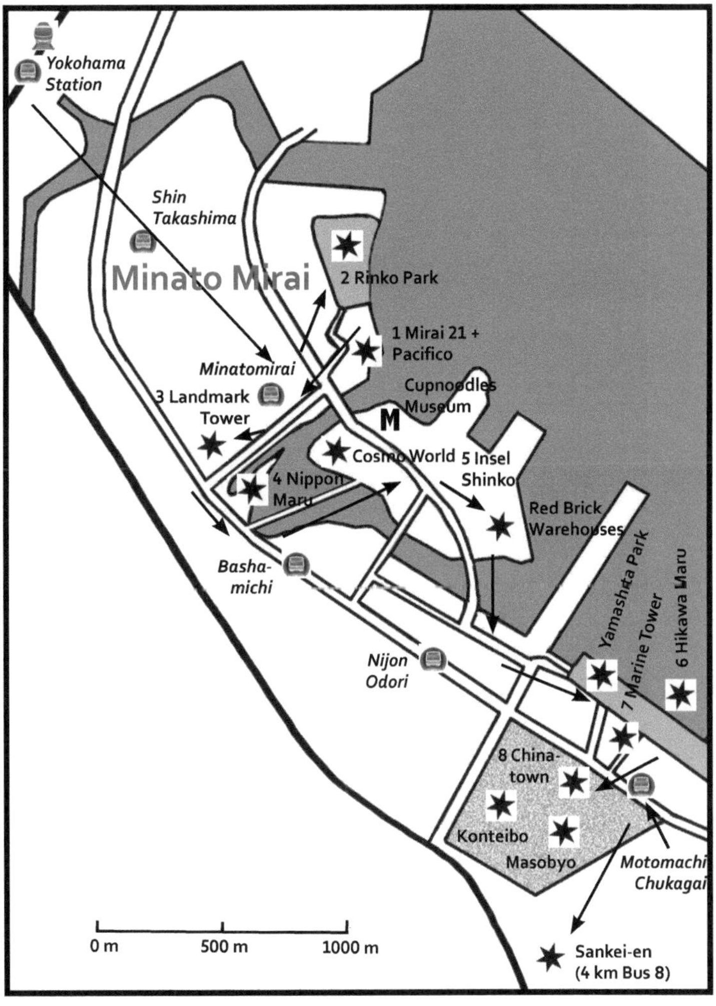

Seite 222:
Yokohama, Chinatown, Zenrinmon

- Interconti Hotel
- Baycourt Hotel
- Alte Schiffs-
  anlegestelle

japanischen Hafen wurde. Zugleich wurden hier Konsulate von Amerika, Großbritannien und den Niederlanden eröffnet und Garnisonen aus diesen Ländern stationiert; Yokohama wurde zum Einfallstor für ausländische Wirtschaft, ein eigenes Ausländerviertel (Bluff) entstand – der Ausländerfriedhof erinnert daran.

1872 fuhr zwischen Yokohama und dem Tokyoer Bahnhof Shimbashi die erste japanische Eisenbahn. Die Stadt lebte zunehmend nicht nur vom Handel, sondern von Seidenproduktion und auch von Schwerindustrie. 1923 beim Großen Kanto-Erdbeben zerstört, wurde die Stadt prächtiger wieder aufgebaut, heute zunehmend mit ungewöhnlicher moderner Architektur und Technik.

Für diese Tour ist die neue Minatomirai U-Bahn wichtig, die im Bahnhof Yokohama (MM01) beginnt und dann bis Motomachi Chukagai (MM06) unmittelbar vor der Chinatown führt. Wer nicht mit dem unmittelbar vor Motomachi abfahrenden Bus 8 bis zum (allerdings lohnenswerten) Landschaftsgarten Sankei-en fahren will, kann mit der Metro in kurzer Zeit zurück zum Bahnhof Yokohama gelangen. Vom Sankei-en aus gibt es einen direkten Bus zur Yokohama Station ohne Umweg über Motomachi Chugakai.

1 Mirai 21

Minato Mirai 21 ist ein großes Stadtentwicklungsprojekt südöstlich vom Bahnhof Yokohama, das etwa 1985 begonnen wurde. Zur Hälfte wurden das Gebiet alter Hafenanlagen dafür genutzt, aber acht Hektar Land wurden auch angeschüttet. Inzwischen sind eine ganze Reihe von spektakulären Gebäuden entstanden – hier zeigt sich Yokohama als supermoderne Stadt. Auffallend ist etwa das segelförmig gebaut Interconti Hotel, das mit dem Konferenzzentrum Pacifico verbunden ist. Aber auch das Baycourt Hotel und andere Bauten sind sehenswert. Vom alten Yokohama kündet noch die kleine alte Schiffsanlegestelle im Hafenbecken vor dem Interconti.

2 Rinko Park

An der Ostseite von Minato Mirai 21 liegt unmittelbar am Hafenbecken der Rinko Park, den man über einen Fußweg durch das Pacifico Konferenzzentrum gut erreicht. Vom Park aus hat man einen guten Blick auf die Hafenanlagen von Yokohama. Man kann dann am Ufer rund um das Interconti zum höchsten Gebäude Yokohamas gehen:

3 Landmark Tower

Der zwischen 1990 und 1993, also parallel zu Minato Mirai 21, gebaute Turm hat auf 296 m Gesamthöhe 70 Geschosse. Unten sind rund um eine überdachte Halle mehrere Geschosse mit Geschäften und Restaurants aller Art, darüber sind Flächen für Büronutzung, von Stock 49–70 ist das Royal Park Hotel. Im 69. Stock ist eine lohnende Aussichtsplattform, die man mit dem schnellsten Fahrstuhl der Welt (750 m in einer Minute) erreicht. Von dort hat man einen atemberaubenden Rundblick über ganz Yokohama, dazu gibt es Aquarien mit seltenen Fischen und ein Café. Der Landmark Tower ist ebenso zum Wahrzeichen Yokohamas geworden wie die Chinatown.

Landmark Tower

• Mirai 21 von Landmark Tower:
Rinko Park – Pacifico – Interconti
• Insel Shinko von Landmark Tower:
Cosmo World – Red Brick Warehouses
• Nippon Maru Museumsschiff

4 Nippon Maru

Die Viermastbark Nippon Maru (2.285 BRT) stammt aus dem Jahr 1930 und wurde als Segelschulschiff, später auch als Frachtschiff, genutzt, heute ist sie Museumsschiff.

5 Insel Shinko

Auf der Insel Shinko liegt der 1990 eröffnete Freizeitpark **Yokohama Cosmo World**; sein Wahrzeichen ist das 112 m hohe Riesenrad mit einer Uhr (deshalb Cosmo Clock 21). Nicht weit davon ist ein eigenartiges Museum: Das **Cupnoodles Museum** zeigt die Erfindung und die Entwicklung von gefriergetrockneten Nudeln, die in einem Becher (Cup) verkauft und nur mit heißem Wasser zubereitet werden. Erfinder war 1958 Momofuku Ando. Heute werden im Museum über 3.000 verschiedene Nudelbecher gezeigt, diverse Nudelsorten können auch probiert werden.

An der anderen Seite der Insel liegen die **Red Brick Warehouses** (Aka-Renga Soko). Nach dem Ausbau des Hafens Ende des 19. Jahrhunderts waren diese beiden Gebäude Zollhäuser. Heute finden sich darin eine Shopping Mall, dazu Restaurants, Bars und Cafés. Vor den Warehouses finden Veranstaltungen statt.

6 Hikawa Maru

Über eine Brücke gelangt man von der Insel wieder ans Festland, wo man hinter dem Yokohama International Passenger Terminal (Yokohama Hammerhead) zu einem weiteren Museumsschiff kommt: Die Hikawa Maru ist ein 1929 in der Werft von Yokohama gebautes Passagier- und Frachtschiff (106 m Länge, 11.600 BRT, ca. 300 Passagiere), eingesetzt vor allem für die Pazifikroute zwischen Japan und Amerika. Im Krieg war sie Hospitalschiff, danach amerikanischer Truppentransporter. 1961 und erneut nach einer Renovierung 2008 wurde die Hikawa Maru als Museumsschiff eingerichtet, das nun vor dem Yamashita Park liegt und an die alten Passagierrouten erinnert.

7 Yokohama Marine Tower

Der **Yamashita Park** am Hafenquai wurde 1930 eröffnet, als man nach den Zerstörungen durch das Kanto-Erdbeben 1923 das Hafenareal neu ordnete. Der 106 m hohe ehemalige Leuchtturm Marine Tower wurde 1961 an dieser Stelle errichtet, um den 100. Geburtstag des Yokohama Hafens zu feiern. Von oben hat man einen Panoramablick über den gesamten Hafen.

8 Chinatown (Konteibo, Masobyo)

Nach der zwangsweisen Öffnung Japans 1853–1854 kamen nicht nur westliche Mächte nach Yokohama; auch wanderten viele Chinesen ein, vor allem Händler aus der Provinz Kanton, die hier ein eigenes Viertel besiedelten. Diese Chinatown ist die größte in Japan, heute mit ca. 4.000 ständigen Bewohnern, aber mit einer viel größeren Zahl von Besuchern jeden Tag. Enge Straßen weisen eine hohe Dichte von Geschäften und Restaurants mit chinesischen Gütern und Gerichten auf. Mehrere chinesische Tore erschließen die Chinatown – vom Yamashita Park ist es das Choyomon, geht man die dort beginnende Straße nach Westen, erreicht man das Zenrinmon (Foto Seite 222). In der Chinatown sind zwei herausragende daoistische Tempelanlagen:

• **Yokohama Kuan Ti Miao (Kanteibyo)**
1861 erstmalig errichtet, nach dem Erdbeben 1923 und nach den Kriegszerstörungen 1986 in der heutigen Form erneuert, verehrt der prächtige chinesische Tempel im Zentrum der Chinatown Yokohamas Guan Di / Guan Yu. Dies war ein chinesischer General (Guan Di 160-219), der

• Hikawa Maru Museumsschiff
• Yamashita Park und Marine Tower
• Chinatown, Choyomon

Guan Di
im Kanteibo

Seite 229:
• Mazu Altar
im Mazobyo
• Sankei-en

Chinatown

am Ende der Han-Dynastie erfolgreich kämpfte. In der Sui-Dynastie (6. Jahrhundert) wurde er zu Guan Yu vergöttlicht, ein daoistischer Gott, der für Erfolg im Krieg, Mut und Treue gegenüber dem Kaiser steht.

• **Yokohama Mazu Miao (Mazobyo)**

Mazu (= Mutterahnin, auch Tianhou = Himmelskönigin genannt) ist eine daoistische Göttin. Auch bei ihr (wie bei Guan Di) führt ein Weg aus einem menschlichen Leben zur Vergöttlichung nach ihrem Tod. Mazu war Tochter eines Fischers; mit magischen Kräften soll sie ihn und ihre Brüder in einem Taifun vor dem Ertrinken gerettet haben. Mazu starb früh, doch man schrieb ihr weiterhin Schutzfunktionen für Menschen in Seenot zu. So wurde sie zur Göttin der Fischer und Seeleute. Im gesamten chinesischen Bereich (Festland, Taiwan, Singapur, dazu auch die unterschiedlichen Chinatowns) wird sie mit vielen Tempeln verehrt – so auch hier in der chinesischen Kolonie in Yokohama. Die Matsu-Inseln in der Taiwan-Straße zwischen China und Taiwan sind ebenfalls nach ihr benannt. Sie wird als Mutter dargestellt, die sich den Menschen, besonders denen in Not, zuwendet und ähnelt damit den Muttergottheiten in anderen Religionen. Der Yokohama Mazu Tempel ist neu und stammt von 2006. Japaner verehren Mazu als Kami, es gibt zwei Duzend Shinto-Schreine, in denen Mazu verehrt wird.

9 Sankei-en

Der Sankei-en (Drei-Schluchten-Garten) ist ein 18 Hektar großer Park im Süden von Yokohama, den der Seidenfabrikant Hara Tomitaro erbte, mit 17 teilweise mehreren hundert Jahre alten traditionellen Gebäuden aus ganz Japan, vor allem aus Kyoto und Kamakura, ergänzte und 1906 der Öffentlichkeit zugänglich machte. So ist Sankei-en eine Mischung aus Freilichtmuseum und prachtvollem Landschaftsgarten. Auch die alte Residenz der Hara-Familie ist zu besichtigen. Ein großer See bildet die Mitte der Anlage.

Fuji – Yoshida – Kawaguchi (Tour 34)

Ziele: 1 Shimo Yoshida und Chureito Pagode –
2 Kawaguchiko und Berg Kachi Kachi

Der Vulkan Fuji ist mit 3.776 m der höchste Berg Japans, zugleich aber auch der heilige Berg nicht nur für den Shinto, sondern für Japaner aller Glaubensrichtungen. Der Name kommt wahrscheinlich von fu = reich und ji = Krieger. Hinzu kommt die Silbe san = Berg, sodass der offizielle Name Fujisan lautet. Im Westen wird auch oft von Fujiyama gesprochen, doch ist dies eine falsche Lesung der Silbe san. Meist wird in Japan nur Fuji gesagt.

Im Shinto gilt, dass der Kami *Konohanasakuyahime* (»wie Blüten herrlich blühende Prinzessin«) im Fuji eingeschreint ist und der Berg deshalb als religiöse Stätte verehrt werden muss. Doch auch buddhistische Richtungen (wie Shugendo) sehen die mühsame Besteigung des Berges als religiöse Handlung an, weil nur durch die dazu nötige Askese eine »Buddhawerdung« möglich ist. Der symmetrische Vulkankegel wird in der japanischen Kunst immer

Beginn etwa
von Shinjuku:
  Azusa Line bis
  Otsuki (55 min),
  Fujikyuko Line bis
  Shimo Yoshida
  (41 min)
zwischen Shimo
und Kawaguchiko:
• Fujikyuko Line,
  (13 min)
Ende:
• Kawaguchiko
  (Fuji Excursion 44
  1 h 54 min)
  bis Shinjuku
(Karte mit Platzreservierung vorher
bei JR kaufen)

Seite 230:
Shimo Yoshida
Fuji mit
Chureito Pagode

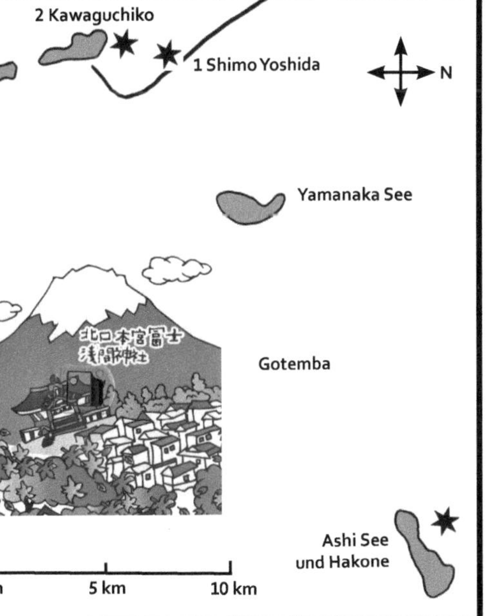

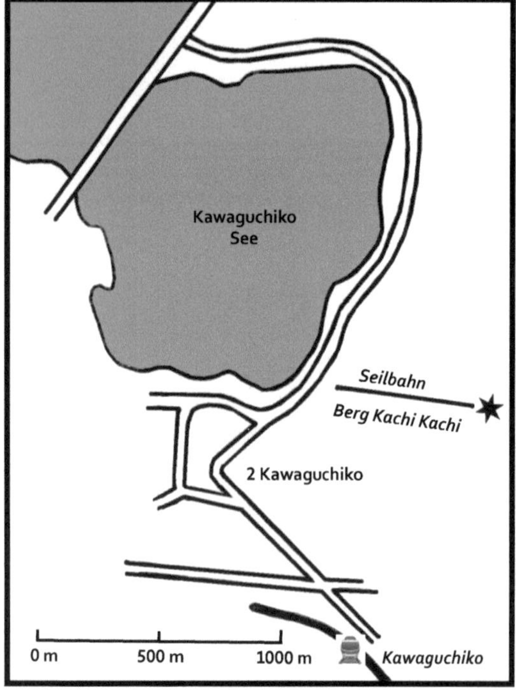

Kawaguchiko-See
von Kachi Kachi aus

Seite 233: • Fuji von Shimo Yoshida aus • Dem Fuji entgegenschaukeln (Kachi Kachi)

wieder dargestellt, etwa die »36 Ansichten des Berges Fuji« (Farbholzschnitte) von Katsushika Hokusai (vgl. Seite 166).

Eine Besteigung des Berges ist nur im Sommer zugelassen; über vier Routen kann der Gipfel vergleichsweise leicht erreicht werden, da keine Kletterei nötig ist, wohl aber macht die Höhe Mühe.

Einen schönen Blick auf den Fuji hat man vom nördlich gelegenen Hakone-See – hier ist ein touristisches Zentrum Japans. Doch gibt es westlich des Berges zwei weitaus schöne Blickrichtungen: in Shimo Yoshida von der Chureito Pagode (im Arakuyama Sengen Park) aus und in Kawaguchiko von der Spitze des Berges Kachi Kachi aus, wohin eine Seilbahn fährt, während man zur Chureito etwas mühsam hochsteigen muss.

カンカラ 絶景ブランコ

Ziele: 1 Shinkyo Brücke – 2 Otabisho, Rastplatz für Samurai-Prozession – 3 Rinno-ji mit Schatzhaus und Shoyo-en – 4 Tosho-gu (Mausoleum) – 5 Nikko Futurasan-jinja – 6 Taiyuin (Mausoleum)

Nikko (= »Sonnenscheinstadt«) liegt etwa 140 km nördlich von Tokyo und ist über mehrere Zugverbindungen in etwa zwei Stunden gut zu erreichen. Es gibt zwei nebeneinander liegende Bahnhöfe: Tobu Nikko Station, der vom Nikko Express von Shinjuku aus erreicht wird, und Nikko Station, zu dem die Regionalbahnen meist von Utsunomiya fahren. Diese Linienführung ist von Tokyo oder Ueno zu erreichen. Von Asakusa gibt es auch einen eigenen Tobu Express nach Tobu Nikko Station mit ebenfalls knapp zwei Stunden Fahrt. (Aktuelle Informationen über App JapanTransit.)

Der älteste Ort in Nikko ist der buddhistische Rinno-ji, der bereits 766 (in der Nara-Zeit) gegründet wurde. Nur ein Jahr später wurde

Beginn und Ende:
- von Shinjuku gibt es einen Tobu Nikko Express (9,34 h – 11,30 h, zurück 16,39 h – 18,35 h)
- Von Tokyo und Ueno aus fahren viele Züge über Utsunomiya nach Nikko
(Stand 2023)

Seite 234:
Nikko, Otabisho, Teilnehmer der 1000-Samurai-Prozession

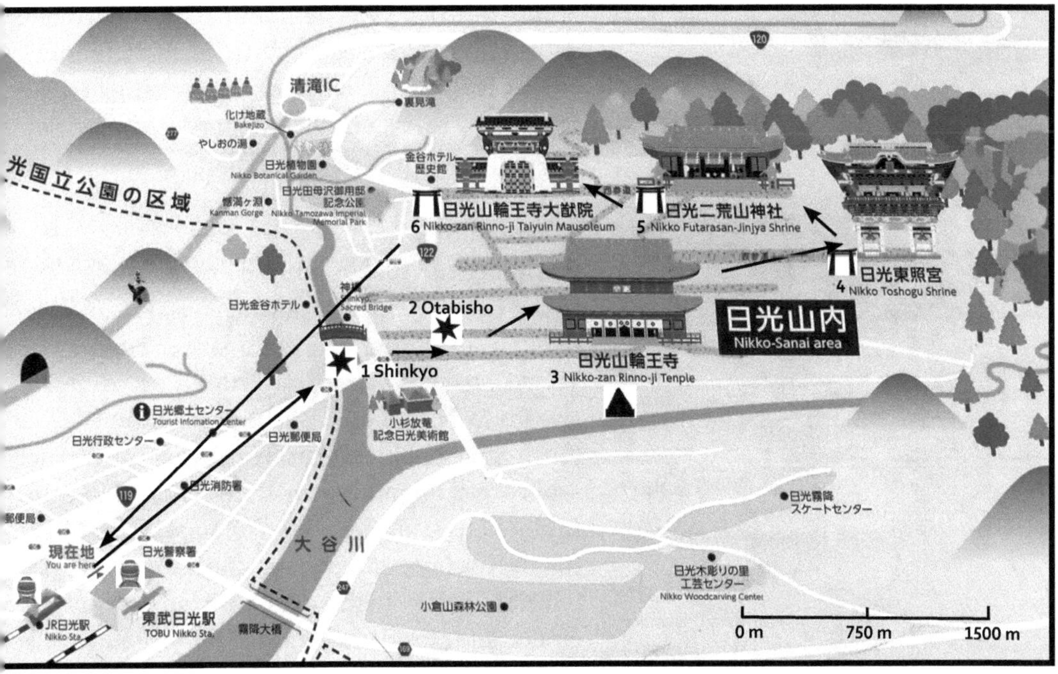

• Tobu Nikko Station
• Straße von den Bahnhöfen zu den Schreinen
• Shinto-Ritual im Otabisho

Seite 237:
• Shinkyo Brücke
• Mikoshi der 1000-Samurai-Prozession

der Futarasan-jinja, ein großer Shinto-Schrein, nahebei errichtet. Bedeutsam aber wurde der weitläufige Ort mit heute ca. 80.000 Einwohnern aber erst in der Edo-Zeit, als der erste Shogun der Tokugawa-Dynastie, Tokugawa Ieyasu (1543-1616), der dritte Reichseiner Japans, hier beigesetzt wurde und sein Sohn Hidetada (1579-1632) und vor allem sein Enkel Iemitsu (1604-1651) einen gewaltigen Schrein zum Gedenken an den Gründer der Tokugawa-Herrschaft erbauen ließen. Später kam noch der Taiyuin, das Mausoleum für Iemitsu, hinzu. Alle Monumente liegen nebeneinander in einer beeindruckenden Berg- und Waldlandschaft.

1 Shinkyo Brücke

Von der Tobu-Nikko-Station gelangt man nach etwa 1,5 Kilometer zum Fluss Daiya, der heute von einer modernen Brücke für Fahrzeuge überbrückt wird. Doch nur wenige Meter nördlich sieht man die wunderschön gebogene Shinkyo-Brücke aus dem Jahr 1663, die frühere Brücken ersetzte. Diese Brücke stellt (ähnlich einem Torii) den Übergang vom weltlichen Bereich zum sakralen des mehrere Bereiche umfassenden Futurasan-jinja dar, dessen erster Teil ein wenig weiter den Berg hoch liegt.

2 Otabisho

Rastplatz für 1000-Samurai-Prozession

In der Edo-Zeit wurde jährlich im Mai zum Gedenken an den ersten Tokugawa-Shogun von Tokyo aus eine Samurai-Prozession zum Tosho-gu in Nikko anlässlich des Frühlingsfestes (Toshogu Shenki Reitaisei) durchgeführt. Diese Prozession mit einem Tragschrein (Mikoshi) findet heute nur noch vom Otabisho (Rastplatz für den Schrein, bzw. den darin eingeschreinten Kami) zum Tosho-gu statt. Man beginnt mit einem Shinto-Ritual im Schreingebäude des

Otabisho. Etwa tausend Teilnehmer in traditionellen Gewändern und Samurai-Rüstungen nehmen danach an der Prozession teil, die den Mikoshi zum Tosho-gu bringt – ein einmaliges Erlebnis.

3 Rinno-ji
mit Schatzhaus und Shoyo-en

Der Mönch Shodo Shonin (735-817) der alten Kegon-shu (»Alle Lebewesen haben Buddhanatur«) gründete 766 in der Abgeschiedenheit der japanischen Berge den Rinno-ji, der in der Kamakura-Zeit (1192-1333) von den Minamoto-Shogunen gefördert wurde, sein heutiges Gesicht aber erst in der Edo-Zeit gewann. Die breite Haupthalle (Hondo) stammt von 1647. Darin sind ein Amida-Buddha, der von zwei Kannon-Bodhisattvas begleitet wird. Zudem gibt es weitere Hallen, ein Schwarzes Tor (Kuromon), einen japanischen Garten (Shoyo-en) und ein Museum (Schatzhaus).

4 Tosho-gu (Mausoleum)

Vom Rinno-ji kommend gelangt man am rechts liegenden Komyoin Inari Schrein und am Toshogu Museum vorbei über einen Zedernweg zum Omotemon, dem Eingangstor zum Tosho-gu, dem Mausoleum von Tokugawa Ieyasu (vgl. dazu auch den Tosho-gu in Ueno, Seite 125ff.)

Unter den drei »Reichseinern«, die das in viele zerstrittene Fürstentümer zerfallene Japan im 16. Jahrhundert wieder einten, ist Tokugawa Ieyasu (1543-1616) neben Oda Nobunaga (1534-1582) und Toyotomi Hideyoshi (1537-1598) der bedeutendste. Er gründete das bis 1868 herrschende Tokugawa-Shogunat und verlegte seinen Regierungssitz nach Edo (später Tokyo). Sein Sohn Hidetada und sein

Enkel Iemitsu erbauten ihrem inzwischen als Kami verehrten Vater /
Großvater den Tosho-gu-Schrein, der als der am reichsten ausgestattete Schrein in ganz Japan gilt (Weltkulturerbestätte). 15.000 Handwerker arbeiteten zwei Jahre lang, um die große Anlage mit ihren
kostbar verzierte Gebäuden zu errichten.

Man betritt die Anlage durch ein Torii, dahinter befindet sich links eine fünfstöckige
Pagode (Goju-no-to, eigentlich ein buddhistisches Bauwerk). Über Treppen und durch ein
weiteres Tor (Niomon) hindurch erreicht man
einen geräumigen Vorhof, in dem bunte Lager-
häuser und der Pferdestall sind (mit den fünf
Schnitzereien der Affen, die bekannteste davon
ist »Nichts Böses hören, reden, sehen«, Foto
Seite 241). Dort sind auch der Reinigungsbrunnen und eine Bibliothek (Rinzo, wieder bud-
dhistisch). Eine weitere Treppe führt hinauf zur
Plattform mit dem Glockenturm (rechts) und
Trommelturm (links).

Den Zugang zum heiligen Bereich gewährt
das Yomeimon (Foto Seite 241), das am schönsten geschnitzte Tor Japans mit 508 eigenständigen Schnitzwerken. Vom Yomeimon gelangt
man zum Hauptschrein mit Honden (Heiligtum) und Haiden (Besucherhalle), davor das
Karamon (Chinesische Tor). Auch liegt hier
rechts die Kaguraden (Tanzhalle, Bühne) und
seitlich ein kleines Tor (Aufstieg zum Mausoleum) mit der Schnitzerei der »schlafenden«
Katze und den Sperlingen. Diese Kombination
wird meist (auch offiziell) so gedeutet, dass
durch den ersten Tokugawa-Shogun eine Zeit des Friedens (Shogun
= Katze, Sperlinge = Daimyos [Fürsten]) eingetreten ist. Doch diese
Katze schläft nicht, sie lauert und die Sperlinge fliegen verstört auf;
es ist also eine Warnung: »Der Shogun wacht, ihr Fürsten, passt also
auf!« Das Grab des ersten Tokugawa-Shoguns liegt weiter oben am
Berg. Im ganzen Bereich des Tosho-gu, des Futarasan-jinja und des
Taiyuin-Mausoleums sind mächtige Japanzedern zu finden.

Toshogu:
• Karamon,
  dahinter Honden
Zwei Schnitzereien
am Tor (Aufstieg
zum Mausoleum)
• die »schlafende«
  Katze
• die Sperlinge

5 Nikko Futurasan-jinja

Eigenartigerweise wurde nicht nur der Rinno-ji vom Mönch Shodo Shonin gegründet, sondern 767, ein Jahr nach dem Rinno-ji, auch der Shinto-Schrein Futurasan – zuerst auf dem nahegelegenen Berg Futurasan. Der Schrein besteht heute aus drei räumlich getrennten Teilen: der Hauptschrein liegt auf der Route von Tour 35 zwischen Toshogu und Taiyuin, der mittlere Schrein liegt am etwas nördlicher gelegenen See Chuzenji, der innere (und älteste) weiterhin am Berg Futurasan. Drei Berg-Kami werden im Futurasan-jinja verehrt. Die heutigen Gebäude stammen aus dem Jahr 1619; besonders schön ist die Kombination aus Haiden (Gebetshalle) und Honden (Heiligtum).

6 Taiyuin (Mausoleum)

Der Tosho-gu ist das Mausoleum für den ersten Tokugawa-Shogun, Tokugawa Ieyasu; der nicht weit entfernte Taiyuin der Begräbnisort für den dritten Shogun, Tokugawa Iemitsu (1604-1651). Auch die Tore und Gebäude dieses Mausoleums sind überaus prächtig und elegant, erreichen aber nicht die bunte Verspieltheit des Tosho-gu. Ein schöner Weg führt vom Futarasan zuerst am Jogyodo, einer Meditationshalle von harmonischer Eleganz vorbei. Dann geht man mehrere Treppen durch verschiedene, immer prächtiger werdende Tore hinauf: Niomon, Nitenmon, Yashamon. Oben erreicht man die Kombination von Haiden und Honden; erst dahinter liegt der Eingang zum eigentlichen Mausoleum. Wie im Toshogu sind Koro (Trommelturm) und Shoro (Glockenturm) besonders schön gestaltet.

Glossar

Amaterasu-omi-kami: Sonnengöttin (»Große erhabene Gottheit, die den Himmel erleuchtet«), wichtigste ➔ Kami des Shinto, Ahnherrin des japanischen Kaiserhauses, denn ihr Enkel Ninigi zeugt mit einer Drachenprinzessin den Jimmu, den ersten (mythischen) Tenno, Kaiser von Japan. Der Ise-Schrein in der Präfektur Mie, 130 km von Kyoto nach Osten, ist der Hauptschrein der Amaterasu und damit des Shinto überhaupt.

Amida Butsu: (sanskrit: Amitabha) Der Buddha Amida (»Buddha des Unermesslichen Lichts«) ist unter den fünf transzendenten Buddhas der Buddha des Westens. Dort liegt auch sein Glücksland Sukhavati, das »Paradies des Westens«. Wer nach dem Tod dorthin gelangt, erfährt keine weitere leidvolle Wiedergeburt mehr. In der Schule des Reinen Landes (Jodo-shu und Jodo-Shinshu, vgl. Seite 25) wird Amida verehrt durch die Anrufung seines Namens: »Namu Amida butsu!« Wer dieses ➔ Mantra ausspricht, erfährt die Barmherzigkeit dieses Buddhas. Der riesige Buddha in Kamakura (Seite 212) ist ein Amida Buddha, aber auch viele in anderen Tempeln des Landes.

Benten (Benzaiten): Die »Himmelsgöttin der guten Rede« gehört zu den sieben Glücksgöttern (Shichi Fukujin, vgl. Seite 28f.) und wird sowohl im Buddhismus wie im Shinto verehrt. Hinter ihr steht die hinduistische Göttin Saraswati, die Gemahlin des Schöpfergottes Brahma, die für Kunst und Kultur, Musik und Dichtung, Tanz, aber auch Reichtum zuständig. Dementsprechend wird Benzaiten auch mit einer Laute dargestellt. Sie ist auch Göttin des Wassers und hat deshalb ihren Schrein oft auf einer Insel (vgl. den Bentendo Shinobazu-no-ike (Seite 125f.).

Bento: In einem Kästchen (früher aus Holz, heute eher aus Kunststoff) werden verschiedene Speisen zum Mitnehmen dekorativ angeordnet (Bento-Box).

Bodhisattva: (japanisch Bosatsu) Ein »Erleuchtungswesen«, das bereits zur Erleuchtung gelangt ist und deshalb ins Nirvana eingehen könnte, aber darauf bewusst verzichtet, um aus Mitleid mit anderen Lebewesen diesen bei ihrem Weg zur Erleuchtung zu helfen. Bei der Vermischung von Buddhismus und Shinto in Japan wurden viele Kamis von Buddhisten als Bodhisattvas verstanden oder umgekehrt von Shintoisten Bodhisattvas als die Inkarnationen wichtiger Kamis.

Chado: (»Weg des Tees«) Der Ablauf der bis zu zwei Stunden dauernden Teezeremonie erfolgt nach genau festgelegten Regeln, die der Teemeister ausführt. Nach der Begrüßung und leichten Speisen wird in das im Garten liegende Teehaus eingeladen. Chado ist eine über den Genuss eines Getränks hinausreichende Lebenseinstellung: Harmonie des Menschen mit der Natur (Teehaus in Garten eingebettet), Respekt aller Teilnehmer voreinander, Stille als Konzentration auf die innere Mitte (Verbindung zum Zen, deshalb Teehäuser in Zen-Klöstern), Reinheit und Ästhetik als lebensbejahende Elemente.

Ema: (»Pferd«) Kleine Holztäfelchen in Schreinen und teilweise auch in Tempeln, auf deren einer Seite ein je nach Ort unterschiedliches Bild (früher oft ein Pferd) aufgedruckt ist. Die Rückseite ist frei, damit man seine persönlichen Wünsche aufschreiben kann. Die Emas werden im Schrein oder Tempel gesammelt und später verbrannt (der Wunsch steigt mit dem Rauch zum Himmel empor).

Dainichi Nyorai: (sanskrit: Vairocana) Er wird als Adibuddha (»Urbuddha«) verstanden und steht unter den fünf transzendenten Buddhas für die Mitte und damit für die fünfte Himmelsrichtung von unten nach oben – unten ist er Vairocana, oben der Adibuddha, die absolute Wahrheit, der Allwissende, der die Welt durchstrahlt. Der Daibutsu (Großer Buddha), im Todai-ji in Nara ist ein Vairocana-Buddha (vgl. Kyoto entdecken, Seite 196).

-en, -teien: japanisch für Garten, Park

Fusuma: Schiebetüren oder Raumteiler, deren Holzrahmen mit Papier oder Stoff bespannt ist, oft kunstvoll bemalt. Sind Türen mit durchscheinendem Papier bespannt, sodass das Licht durch sie in den Raum fällt, werden sie auch *Shoji* genannt.

Geisha: (»Person der verschiedenen Künste«) Frau, die in den traditionellen Künsten Japans (Kalligrafie, Instrumentalmusik, Tanz, Gesang, Teezeremonie, geistvolle Konversation und Kenntnis von Poesie ...) ausgebildet ist und diese (zahlenden) Gästen darbietet. Geishas sind kunstvoll gekleidet (Kimono mit Obi, dazu Getas [hohe Holzsandalen]) und weiß geschminkt. Der Beruf ist aus den (damals männlichen) Alleinunterhaltern an Adelshöfen hervorgegangen. → Maikos sind Lerngeishas.

Genji-Monogatari: Die »Geschichte vom Prinzen Genji« ist der um das Jahr 1000 geschriebene erste Roman der japanischen Literatur. Er wurde von der Hofdame Murasaki Shikibu (978–1014) geschrieben, und zeigt das Leben und die Intrigen am Kaiserhof und in Adelskreisen. Der Roman wurde an drei Orten in und um Kyoto geschrieben.

Goshuin: In vielen Tempeln und Schreinen können die Gläubigen von den Mönchen und Priestern ein *Goshuin* erwerben. *Shuin* bedeutet »Rotes Siegel«, damit ist eine gedruckte oder handgezeichnete Kalligrafie gemeint; durch die Vorsilbe *Go* (»ehrenwert«) wird das Goshuin, das Siegel, in einen religiösen Kontext gestellt. Pilger sammeln die Goshuin verschiedener Tempel und Schreine in einem eigenen, schön gestalteten *Shuincho*, einem Pilgerbuch, und können so den Besuch der religiösen Stätten und die damit erworbenen religiösen Verdienste nachweisen. Auf dem weißen Papier eines Goshuin werden ein oder mehrere rote Stempel abgedruckt, die sich auf das jeweilige Heiligtum beziehen. Hinzu kommen schwarze Kalligrafien, die den Namen des Tempels, einen Segenswunsch und das Datum des Besuches wiedergeben.

Hachiman: Kriegs- und Schutzgott sowohl im Shinto wie im Buddhismus.

Haiden: (»Gebetshalle«) Die erste Halle in einem Shinto-Schrein ist den Gläubigen (Laien) vorbehalten und deshalb meist nicht so kunstvoll geschmückt wie der oft dahinter liegende → Honden. Vor dem Haiden ist an einem langen Seil eine Glocke angebracht. Die Gläubigen kommen, verneigen sich zweimal, klatschen zweimal in die Hände, ziehen am Glockenseil und verneigen sich erneut, dann richten sie ihre persönlichen Gebete an den jeweiligen → Kami. Auch das Opfern einer Geldmünze gehört notwendig zum Ritual.

Hanami: (»Blüten betrachten«) Die japanische Kirschblüte dauernd nur wenige Tage, von Südjapan bis in den Norden allerdings über einen Zeitraum von einem Monat. In dieser Zeit gehen viele Japaner in die Parks mit japanischen Zierkirschenbäumen, picknicken dort und betrachten die Blüten. Die Blüten der Zierkirsche stehen dabei sowohl für vollendete Schönheit wie für Vergänglichkeit.

Hatto: Lesehalle im Zen-Buddhismus, wo Sutras gelesen werden, entsprechend der Zen-Ausrichtung oft wichtiger als der → Hondo.

Heiden: In einem Shinto-Schrein liegt zwischen der Gebetshalle → Haiden und dem Heiligtum → Honden oft ein Zwischengebäude für die Darbringung von Opfergaben, der Heiden. Manchmal sind diese drei Schreinteile aber auch jeweils eigenständige Gebäude.

Honden: Das Hauptgebäude eines Shinto-Schreins ist der Ort, der den → Kami repräsentiert (aber nicht als »Wohnort« des Gottes verstanden), dort ist der *Shinta*, der Sitz der im Schrein verehrten Gottheit. In den Honden sind normale Gläubige nicht zugelassen, nur die Shinto-Priester halten hier ihre Rituale ab. In der Regel aber kann man von außen den Honden hineinblicken.

Hondo: Das Hauptgebäude eines buddhistischen Tempels beherbergt das wichtigste Objekt der Verehrung, meist eine Statue eines Buddha (Shakyamuni, Amida, Vairocana ...) oder eines Bodhisattva (Kannon, Yakushi, Miroku, vgl. Seite 26f.). Manchmal wird der Hondo auch *Kondo* (Goldhalle) genannt oder *Butsuden* (Buddha-Halle).

Hojo: Die Abtsresidenz, manchmal auch *Goten* genannt, besteht aus einem oder mehreren eleganten Gebäuden und einem japanischen Garten, je nach der Ausrichtung des Tempels als Wandelgarten oder als Steingarten (Zen) gestaltet. Die Gebäude sind schlicht, aber mit bemalten ➡ Fusuma trotzdem kunsthandwerklich wertvoll.

Ikebana: Die japanische Blumensteckkunst Ikebana (japanisch »lebendige Blumen«, auch *Kado* – »Weg der Blumen« genannt) verbindet die Schönheit der Natur mit dem Lebensraum der Menschen und stellt so eine vom Menschen gestaltete Harmonie dar, die sich aus der kosmischen Ordnung der Welt ergibt. Dadurch soll der Mensch »eingestimmt« werden in eine innere Gemeinschaft mit allem Lebendigen, er soll durch die Ästhetik des Arrangements zu einer positiven und lebensbejahenden Grundstimmung geführt werden. Deshalb sind beim *Ikebana* die Anordnung der Pflanzen (Blumen, Zweige) in der bewusst ausgewählten Vase entscheidend – der Aufbau und die Farben geben drei aufeinander bezogene Aspekte wieder: Himmel, Menschen und Erde – der Mensch zwischen Himmel und Erde.

Inari: Der ➡ Kami der Ernte, des Reises, der Fruchtbarkeit, aber auch des geschäftlichen Erfolgs ist neben ➡ Amaterasu und ➡ Hachiman der meist verehrte Kami Japans; 30.000 Schreine sind Inari gewidmet. Meist wird dieser Kami als Göttin verstanden (Fruchtbarkeit), ihre Boten sind Füchse, deren Statuen deshalb in großer Zahl im Eingangsbereich von Inari-Schreinen zu finden sind. Manchmal wird Inari auch als alter Mann mit einem gut gefüllten Erntesack dargestellt. Wegen der hohen Bedeutung von Inari findet man kleine Inari-Schreine manchmal auch in buddhistischen Tempeln, obwohl dies nach der Meiji-Reform Ende des 19. Jahrhunderts eigentlich nicht mehr statthaft ist.

Japanische Geschichtsperioden (vereinfacht):
- Besiedelung begann vor 30 000 Jahren
- Jomon-Zeit: 16 500 – 300 v. Chr.
- Yayoi-Zeit: 400 v. Chr. – 300 n. Chr.
- Kofun-Zeit: 300 – 552
- Asuka-Zeit: 552 – 710
- Nara-Zeit: 710 – 794
  (am Ende auch Nagaoka-kyo)
- Heian-Zeit: 794 – 1185
- Kamakura-Zeit: 1185 – 1333
- Muromachi-Zeit: 1333 – 1568
- Streitende Reiche: 1568 – 1603
- Edo-Zeit: 1603 – 1868
- Meiji-Zeit: 1868 – 1912 (Tenno Mutsuhito)
- Taisho-Zeit: 1912 – 1926 (Tenno Yoshihito)
- Showa-Zeit: 1926 – 1989 (Tenno Hirohito)
- Heisei-Zeit: 1989 – 2019 (Tenno Akihito)
- Reiwa-Zeit: 2019 – (Tenno Naruhito)

ji, -dera, -do: Bezeichnung für einen buddhistischen Tempel

-jinja, jingu, -gu: Bezeichnung für einen Shinto-Schrein

Jizo: Bodhisattva, gibt Schutz in der Unterwelt

Kabuki: («Gesang und Tanz«) Das traditionelle japanische Theater ab dem 17. Jahrhundert.

Kado: ➡ Ikebana

Kaisando: Dies ist die Gründerhalle (auch *Miedo* genannt) in einem buddhistischen Tempel, in der eine Statue des Gründermönches verehrt wird

Kalligrafie: *Shodo*, der »Weg des Schreibens« formt die zum Japanischen gehörenden chinesischen Schriftzeichen (Kanji-Zeichen) mit Pinsel und Tusche zu ästhetischen Meisterwerken eines künstlerischen und meditativen Schriftbildes – zur Harmonie eines Kunstwerkes aus Bedeutungszeichen.

Kampfsportarten: In Japan wurden eine Fülle von Kampfsportarten (auch *Budo* = »Weg des Kampfes«) entwickelt, die aber nicht allein zum Kampf gegen andere ausgeübt wurden, sondern auch zur Charakterschulung und zur Konzentration (vgl. die Entwicklung des chinesischen *Kungfu* durch Bodhidharma, den indischen Mönch, der das chinesische Kloster Shaolin bei Luoyang gründete). Im Einzelnen:
- *Aikido:* Kampfsportart mit bloßen Händen
- *Jiu Jitsu:* »nachgebende Kunst«, Selbstverteidigung
- *Judo:* »sanfter Weg«, Siegen durch Nachgeben und Nutzen der Kraft des anderen, baut auf dem älteren Jiu Jitsu auf
- *Karate:* aus Kungfu entwickelt
- *Kendo:* »Weg des Schwertes«, Kampf mit langen Schwertern
- *Kyudo:* »Weg des Bogens«, Bogenschießen über lange Entfernungen
- *Naginata:* Speerkampf
- *Sumo:* Ringkampf nach rituellen Regeln

Kannon: Bodhisattva der Barmherzigkeit und Güte

kawaii: »süß niedlich liebenswert«, ein japanisches Ästhetikkonzept, welches im Westen eher als unernst und kindlich verstanden wird. Bei Mangas (Bildern) und Anime (Filmen), aber auch in der Werbung spielt kawaii ebenso eine Rolle wie bei Alltagsgegenständen und Geschenkartikeln (etwa die Maneki-Neko – die Winkekatze).

Kansei: Region um Kyoto im Westen Japans

Kanto: Region um Tokyo im Osten Japans

Kimono: Das *Kiru* (»Anzieh«) *Mono* (»Ding«) ist das traditionelle japanische Kleidungsstück sowohl für Männer (etwa Sumo-Ringer) wie vor allem für Frauen (etwa für Geishas, aber bei besonderen Anlässen auch für alle Frauen), die dazu einen breiten, auf dem Rücken mit einer Schleife gebundenen *Obi* (Schärpe) und Holzsandalen tragen.

- Kado
- Chado
- Shodo

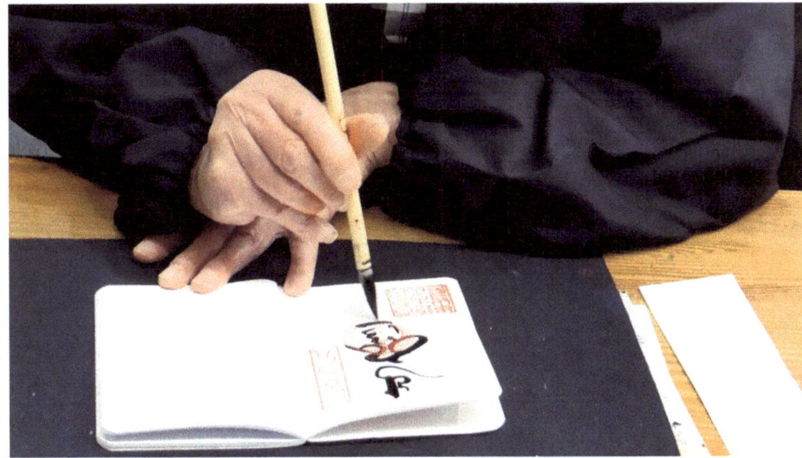

Kodo: Zeremonialgebäude nur für die buddhistischen Mönche in einem Tempel, meistens entsprechend der Zahl der Mönche recht klein (zusätzlich zum größeren ➜ Hondo, der auch für die für Laien gehaltenen Rituale genutzt und entsprechend für diese und für Mönche geöffnet ist).

Kondo: (»Goldene Halle«) ➜ Hondo

Kyozo: In der Bibliothek oder Sutrahalle werden die heiligen Schriften des Buddhismus in großen Regalen aufbewahrt. Diese Bücher sind nicht wie bei uns gebunden, sondern die einzelnen Blätter werden gestapelt zwischen zwei Holzbretter gelegt und in ein Tuch eingebunden (vgl. das untere Bild auf Seite 221: Kyozo im Heiken-ji in Kawasaki).

Manga: Japanisches Comic, entsprechend gestaltete Videos heißen Anime, nicht allein für Kinder und Jugendliche, sondern auch für Erwachsene aller Schichten, meist in Schwarz-Weiß gedruckt, oft im ➜ kawaii-Stil gestaltet.

Kukai: Mönch, Gründer der Shingon-shu (esoterischer Buddhismus)

Mandala: (sanskrit: »Kreis«) Ein aus Quadraten und Kreisen aufgebautes Meditationsbild aus dem Vajrayana (Tibetischer Buddhismus), dem manchmal eine magische Bedeutung zugesprochen wird, das aber richtig verstanden zur Konzentration anleiten und zu den dargestellten Buddhas, Bodhisattvas und anderen Gestalten hinführen soll.

Mantra: (sanskrit: »Spruch«) Ein Laut, Wort oder Satz mit spiritueller Kraft, das ständig wiederholt werden und dadurch den Sprechenden in eine tiefere Bewusstseinsebene führen soll.

Matsuri: Traditionelle Feste vor allem in Shinto-Schreinen, seltener in Tempeln, die oft im Zusammenhang mit Frühjahr oder Ernte stehen, oft in ausgelassener Atmosphäre. An Matsuri-Festen (vgl. Kanda Matsuri, Seite 136 und Sanja Matsuri, Seite 155) werden die Mikoshi (Trageschreine) von »Bruderschaften« durch die Stadtviertel getragen (vergleichbar den Semana-Santa-Prozessionen in Andalusien in der Karwoche).

Maiko: Lerngeisha ➜ Geisha. Die Ausbildungszeit beträgt mindestens fünf Jahre.

Miedo: ➜ Kaisando

Miko: Gehilfin der Shinto-Priester

Mikoshi: Trageschreine bei ➜ Matsuri

Mon: Tor am Eingang einer buddhistischen Tempelanlage oder auch am Eingang zu einzelnen Teilgebäuden (etwa Abtspalast, vgl. Seite 209). Diese Tempeltore können von gewaltiger Größe sein (etwa im Yasukuni-jinja, vgl. Seite 36f.), oft sind sie als *Sanmon* – Dreitor gestaltet (vgl. Seite 209).

Mudra: Gesten des Buddha oder von Gläubigen. Bei Buddhastatuen vor allem:

* *Bhumisparsa-Mudra:* Erdanrufung – die rechte Hand zeigt auf die Erde, wo die Erdgöttin den bösen Mara hinwegschwemmt; Symbol für Buddhas Erleuchtung.
* *Abhaya-Mudra:* Geste der Furchtlosigkeit – eine oder beide Hände sind offen dem Betrachter entgegengestreckt: Du kannst zu mir kommen; fürchte dich nicht.
* *Dhyana-Mudra:* Geste der Meditation – die Hände, die rechte oben, sind offen ineinander gelegt.
* *Dharmachakra-Mudra:* Geste der Lehre (dharma) – die Finger bilden einen Kreis (chakra).

Obi: ➜ Kimono

Sakura: Japanische Kirschblüte, die den Anfang des Frühlings markiert und mit ➜ Hanami gefeiert wird.

Samurai: (»Diener, Begleiter«, auch Bushi = »Krieger«) Mitglied der japanischen Kriegerkaste vor allem in Muromachi- und Edo-Zeit. Als der Shogun und nicht mehr der Kaiser die wirkliche Macht in Japan besaß, wuchs auch der Einfluss der Samurai.

Sanmon: Drei-Tor ➜ Mon

Shakyamuni Buddha: Der historische Buddha Siddharta Gautama aus dem Geschlecht der Shakya (etwa 500 v. Chr.).

Shichi Fukujin: vgl. Seite 28f.

Shide: Gezackte, weiße Papierstreifen, die in Schreinen die Gegenwart der transzendenten Macht, der Kami, anzeigen.

Shimenawa: dicke, geflochtene Seile aus Reisstroh am Eingang von Shinto-Schreinen, aber auch an anderen Stellen in der Natur (besondere Bäume oder Steine), welche die vergängliche Welt von der unvergänglichen, nicht sichtbaren Welt der ➤ Kami trennen.

Shodo: ➤ Kalligrafie

Shogun: »Großer General«, Militärherrscher ab dem 1185 (Kamakura-Zeit). Von 1603 bis 1868 herrschten die Tokugawa-Shogune von Edo aus (nach der Meiji-Reform 1868 Tokyo genannt), während der Kaiser in Kyoto nur repräsentative Aufgaben hatte. 1868 wurde die Shogunatszeit beendet, der Kaiser – nun in Tokyo – übernahm die Macht, die aber seit den 1930er Jahren nur repräsentativ und religiös bedeutsam ist.

Shoji: ➤ Fusuma

Sumi-e: »Schwarze Tusche« traditionelle Tuschmalerei bzw. Kalligrafie in Schwarz-Weiß, die sich auf elementare Strichführung beschränkt und einer hohen Konzentration bedarf, vgl. auch Shodo/ ➤ Kalligrafie.

Sumo: ➤ Kampfsportarten

Sutra: (sanskrit: Kette) Im Buddhismus eine Lehrschrift oder auch nur eine einzelne Lehre, die dem geschichtlichen Buddha zugesprochen wird. Die vielen tausend Mahayana-Sutras gehen allerdings weit über die ursprüngliche Lehre des Buddha (vor allem im Theravada erhalten) hinaus. Einzelne Sutras haben in den buddhistischen Schulen besondere Bedeutung, etwa das Lotos-Sutra für den Nichiren-Buddhismus.

Synkretismus von Buddhismus und Shinto: Überall in Japan fällt die Vermischung von Buddhismus in seinen vielen Schulen mit dem Shinto auf. In Shinto-Schreinen können Statuen wie die des Kannon oder des Jizo stehen, in buddhistischen Tempeln gibt es oft shinto-istische Schreine. Auch sind einzelne Elemente von der einen in die andere Religion gewandert (etwa ➤ Ema). Dieser Synkretismus ist typisch nicht nur für das japanische Denken, sondern für viele Bereiche Asiens, wo es nicht um ein »Entweder-Oder« wie im Westen geht, sondern um ein »Sowohl-Als auch«. Manchmal schafft diese »Durcheinanderreligion« auch Verwirrung, aber da der Shinto keine genau festgelegte Lehre hat (vgl. Seite 22f.), kommt es nur selten zu Problemen. Die Meiji-Reform wollte die beiden Religionen streng trennen, um den Shinto von einer Volksreligion zu einer Form der nationalen Identität zu machen, doch das ist bereits Ende des 19. Jahrhunderts gescheitert.

Tatami: 5,5 cm dicke Reisstrohmatte, die in traditionellen japanischen Gebäuden und in Wohnungen als Bodenbedeckung genutzt wird, ungefähr (je nach Region leicht unterschiedlich) in den Maßen von 180 x 90 cm.

Tenno: »Himmlischer Herrscher«, Japanischer Kaiser, der als Sohn der Kami ➤ Amaterasu und deshalb als göttlich verstanden wurde. Diese Göttlichkeit des Kaisers wurde erst nach dem Zweiten Weltkrieg von einem neuen, weltlicheren Verständnis abgelöst (gefordert durch die amerikanische Besatzung Japans).

To: Die Pagode im ostasiatischen Bereich ist eine Weiterentwicklung des indischen Stupa (Sri Lanka: Dagoba, Thailand: Chedi, Tibet: Tschörten ...). Während diese Gebäude, die zuerst Reliquien des Buddha, später auch Heilige Schriften enthalten, in der Regel nicht begehbar sind, bestehen die ostasiatischen Pagoden aus mehreren Stockwerken (in Japan zuerst zwei, dann auch drei und fünf, in China oft mehr), die durch Treppen begehbar sind und in denen auf jedem Stock ein buddhistisches Bildwerk steht (Buddhastatue ...).

Tokonoma: Nische im traditionellen japanischen Wohnraum (50 cm tief, 100–200 cm breit, in der durch sehr sparsame Dekoration (ein Bild, ein Ikebana-Gesteck) eine meditative Grundstimmung erzeugt wird.

Torii: Die Eingangstore der Shinto-Schreine (meist rot gestrichene Holzbalken, aber auch in naturbelassenem Holz oder wie beim Heian-jinja in Beton) markieren den Übergang von der Welt in den spirituellen Bereich.

Ukiyo-e: (»Bilder der fließenden Welt«) Ab der Edo-Zeit werden nicht nur religiöse Bildwerke (Malerei und Farbholzschnitt) geschaffen, sondern auch Werke, welche die vergängliche, fließende Welt des Alltagslebens zeigen.

Vairocana: ➤ Dainichi Nyorai

wabi-sabi: Ab 16. Jahrhundert ästhetisches Kunstkonzept der Einfachheit und unaufdringlichen Eleganz, bei dem das Unscheinbare seine innere Schönheit zeigen soll.

Register

Bildnachweis

Folgende Bilder über Wikipedia Commons (einige in in s/w umgewandelt oder anders bearbeitet):

Seite 10	Karte Japan: Grundbestand aus Commons, Urheber Intehoang
	Karte vom Autor bearbeitet
Seite 12	Adolfo Farsari, Photographie von 1886
Seite 13	1 Ausschnitt aus 100 Yen Banknote von 1944 – Foto: Eclipse2009
	2 Bild von Kano Eitoku (1543–1590),
	Foto: http://datehaku.blogspot.com/2014_10_02_archive.html
	3 aus Kodai-ji, Kyoto, Foto: Kano Mitsunobu
	4 + 5 Kunstbild Kano Tan'yu und Uchida Kuichi
Seite 14	Tokyoship (Source: Lincun)
Seite 19	Tokyoship
Seite 24,1	Jnn
Seite 25	2 unbekannt (12. Jahrhundert)
	3 Shii (um 1250)
	4 Chris Gladis (Honon-ji in Kyoto)
Seite 140,1	Shingingukiyutsuto
Seite 185,2	Abasaa
Seite 55,1	Quelle unbekannt

Die Karte des Metronetzes von Tokyo auf Seite 21 ist eine pdf aus tokyometro.jp.
Die Karte von Nikko auf Seite 235 ist eine leicht bearbeitete Fotografie einer Informationstafel im Bahnhof Nikko.

Alle anderen Bilder stammen aus dem Archiv des Autors.

Der Autor

Hermann-Josef Frisch,
Studium Theologie und Sinologie
zeitweilig Lehrauftrag Fachdidaktik Religion an der Universität Bonn
236 Buchveröffentlichungen in den Bereichen
    Religionspädagogik, Theologie, Religionswissenschaften
  65 teilweise längere Reisen in die unterschiedlichsten
    Regionen Asiens, vor allem nach Ostasien und Südasien

Bild: der Autor vor dem Fuji in Kawaguchiko

Buddha

Die Geschichte des Erwachten

In Romanform werden die Geschichte und die Lehre des Buddha lebendig, erzählt von seinem Lieblingsschüler Ananda. Hinzu kommen Informationen und Bilder zu Buddhas Leben und Wirken und zur Sangha, der buddhistischen Gemeinschaft, in geschichtlichen Fakten und in Legenden.

256 Seiten, Broschur, 17 x 22 cm, 196 Farbbilder

ISBN Print   9783756860111
ISBN E-Book   9783756895304

Symbole und Rituale der Weltreligionen

Wie Menschen dem Unendlichen begegnen

Die Weltreligionen nutzen viele Symbole und haben vielfältige Rituale für Alltag und Fest entwickelt, mit denen sie Menschen zusammenführen. Dieser Band ist in Bild und Text eine faszinierende Entdeckungsreise in die Welt der Religionen.

220 Seiten, Broschur, 17 x 22 cm, 181 Farbbilder

ISBN Print   9783756258413
ISBN E-Book   9783756863891

Weitergereist

Rituale der Weltreligionen zu Tod und Begräbnis

Alle Kulturen und Religionen haben Rituale zum Übergang vom Leben zum Tod und eine Erinnerungskultur an die Verstorbenen. Der Band erschließt die Jenseitsvorstellungen und Rituale der Religionen zu Sterbebegleitung, Begräbnisformen und Totengedenken.

240 Seiten, Broschur, 17 x 22 cm, 91 Fotos s/w, 109 Fotos Farbe

ISBN Print   9783751951692
ISBN E-Book   9783751965644

Koran

Botschaft und Anspruch

Der Islam gehört zur deutschen Lebenswirklichkeit. Dieses Buch eröffnet Zugänge zum Koran und seiner Botschaft und informiert über Entstehung, Einteilung und Themen.

260 Seiten, Broschur, 13,5 x 21,5 cm, 7 Fotos Farbe

ISBN Print 9783756228683

ISBN E-Book 9783756290062

Reihe Islam: Band 1

Mohammed

Prophet und Staatsmann

Dieses Buch vermittelt Informationen über den Propheten des Islam, seinen Lebensweg, seine religiösen Vorstellungen, seine Konzeption eines islamischen Staates.

208 Seiten, Broschur, 13,5 x 21,5 cm, 9 Bilder Farbe

ISBN Print 9783756228775

ISBN E-Book 9783756290086

Reihe Islam: Band 2

Muslime

Traditionen und Alltagsleben

Der Islam durchzieht alle Lebensbereiche der Gläubigen. Neben den Grundlagen des Islam werden in diesem Band Einzelfragen beleuchtet: Scharia, islamische Mystik, Politik des Islam in Geschichte und Gegenwart, der islamische Alltag, Feste, Konfliktthemen wie Gewalt und Stellung der Frau.

228 Seiten, Broschur, 13,5 x 21,5 cm, 10 Bilder Farbe

ISBN Print 9783756228775

ISBN E-Book 9783756290086

Reihe Islam: Band 3

Heiliger Krieg oder Friede auf Erden

Von der Gewalt in den Religionen

Wie stehen die Religionen zu Gewalt und welche Praxis ist erkennbar? Das Buch benennt in drei Schritten das vielschichtige Problem, erkundet Ursachen der religiösen Gewalt und zeigt Perspektiven auf, wie sie überwunden werden kann.

162 Seiten, Broschur, 13,5 x 21,5 cm

ISBN Print 9783755709459   ISBN E-Book 9783756245475

Bangkok entdecken

35 Tagestouren in und um Bangkok

In Bangkok, der am Chao Phraya gelegene Hauptstadt Thailands, begegnen sich Tradition und Moderne in beeindruckender Weise. Die Touren führen zu den interessantesten Zielen der Metropolregion.

256 Seiten, Broschur, 17 x 22 cm,
145 Fotos s/w, 282 Fotos Farbe, 45 Karten

ISBN Print   9783754374191
ISBN E-Book   9783756297306

Kyoto entdecken

30 Tagestouren in und um Kyoto

Die alte Kaiserstadt Kyoto ist das kulturelle und spirituelle Herz Japans, mit 1600 buddhistischen Tempeln, 400 Schreinen, dazu Palästen und Parks ist Kyoto überreich an Sehenswürdigkeiten.

256 Seiten, Broschur, 17 x 22 cm,
214 Fotos s/w, 183 Fotos Farbe, 44 Karten

ISBN Print   9783757887063
E-Book

Tokyo entdecken

35 Tagestouren in und um Tokyo

Tokyo ist mit 38,5 Millionen Einwohner die größte Metropole der Welt und zugleich politisches und wirtschaftliches Zentrum von Japan. Die Touren führen zu den wichtigsten Zielen in und um Tokyo.

256 Seiten, Broschur, 17 x 22 cm,
310 Fotos s/w, 163 Fotos Farbe, 46 Karten

ISBN Print   9783757887179
E-Book

Seoul entdecken

30 Tagestouren in und um Seoul

Seit 1394 Hauptstadt von Korea, dem »Land der Morgenstille«, ist Seoul eine weitläufige Metropolregion, in der Kultur und Natur auf beeindruckende Weise aufeinander treffen.

256 Seiten, Broschur, 17 x 22 cm,

In Vorbereitung